売れる
ハンドメイド作家の
教科書

中尾亜由美

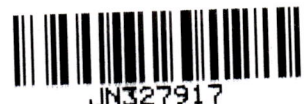

ハンドメイド作家さん紹介①

一番人気のレッスンバッグとシューズバッグ。個性的なスモックも隠れた人気商品。園指定のサイズに個別で対応している。

水上里美さん
みずかみさとみ

＊ブランド名
入園グッズ専門店　りんごの木

＊活動歴
3年

＊主な販売経路
ホームページ・ブログ・Facebook
愛知県名古屋市
夫・子供3人

● お裁縫が苦手で忙しいママの味方

今や、オーダー待ち多数の入園グッズを作られている水上里美さん。

忙しくて時間がない。小さな子供がいる。ミシンを持っていない。お裁縫が苦手。もうすぐ子供が入園だというのに園指定のグッズが作れなくてどうしよう？と、悩んでいるお母さんに代わって仕立てをしています。

レッスンバッグ・上靴入れ・給食袋は安定して売れていて、園独自の指定グッズ（市販品のないもの）は特に喜んでいただけるそうです。園独自の指定グッズは、サイズが幼稚園によって違いますので、市販されているものでは合わないのです。水上さんが頼りにされているのもわかります。

● ホームページを整え、売れ出したことで新たなことにも挑戦

お子様も3人（もうすぐ増えるご予定）いながら1日の作業時間は、約6時間。今後は、色々な事情で入園グッズが作れなくて困っている方に、このサービスをもっと知ってもらえることに力を入れていきたいとのこと。

さらに、ハンドメイド作家さん向けのパソコン教室で、お客様目線の大事さを伝えるなど、作家さんのサポートもしていきたいとおっしゃっています。活動の幅を広げようといつも前へ前へと進むパワフルな作家さんです。

コップ袋・お弁当袋・ランチョンマット。お気に入りの布で製作

パソコンレッスン風景

届いたとき「わーかわいい」のトキメキも

作業風景

ハンドメイド作家さん紹介②

春夏に人気のあるガーゼを使った気持ちいいスカート。

前田直子さん
まえだなおこ

＊ブランド名
風月花（ふうげっか）

＊活動歴
15年

＊主な販売経路
直営店・展示会・ブログ・Facebook
長崎県雲仙市在住
ひとり暮らし

● 女性を素敵に、幸せにする服を作りたい

長崎県風の森に「アトリエ風月花」を構えてらっしゃる前田直子さん。

大人の女性のために、身体を優しく包み込む、着心地と布の風合いにこだわった服を作って販売。ジャケット、コート、ワンピース、パンツ、スカートと幅広いアイテムを製作しています。

お店の奥にミシンがあり、お店番をしながら空いている時間に作業。営業日以外は自宅で8時間ほど製作を行っています。

春夏、秋冬の展示会を開催。特に40代以上のお客様にはジャケットの着心地がよいと評判とのこと。ゆとりがありながらすっきりと見えるように工夫をされているそうです。

● 似合う服に出会った瞬間、素敵に輝くお客様の表情が好き

心がけているのは、布の魅力をいかすことを大切にしたデザイン。今後は春夏、秋冬の展示会を続けながらネットでの販売を充実させていきたいとのこと。中尾のセミナーを受けてから、発信することや自分をアピールすることを実行してファンが増えたそうで、月の売り上げが過去最高の100万円に達したそうですよ。

店舗

店内の様子　秋冬物

秋冬の服展の様子（風の森のなかのモデルハウスにて）

アトリエ作業風景

ハンドメイド作家さん紹介③

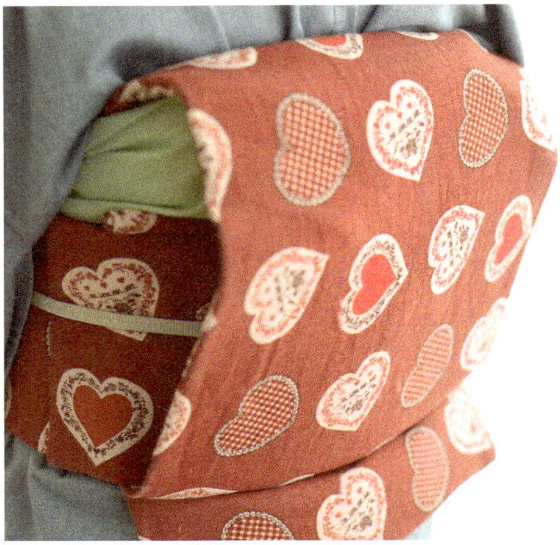

作り帯（簡単巻き付け帯び）です。昭和な朱色の帯にフランス製の麻のプリント地を貼り付け　作り帯に加工しています。

下田美緒さん

しもだみお

＊ブランド名

手作り和装屋　ちゃーみお
(てづくりわそうや ちゃーみお)

＊活動歴

3年（2013年〜）

＊主な販売経路

口コミによる、オーダー。
ブログ・Facebook・インスタグラム
大阪府箕面市在住
夫、子ども５人

● ミシンで縫う着物は、自宅の洗濯機で洗えます

着物生地ではなく、麻などを使ってミシンで製作する洋裁着物や、着付け講座もされている、手作り和装屋ちゃーみおの下田美緒さん。

製作だけでなくリバーシブル帯製作講座や、着付け体験会、浴衣着付け講座、変わり結び講座なども積極的に開催。講座も満席開催されています。

昭和な朱色の帯にフランス製の麻のプリント地を貼り付け作り帯に加工したり、リバーシブルプリント地でのリバーシブル着物などオリジナル色を打ち出したものを製作。

● 主婦の仕事も忙しい中でもしっかり活動

お子様が５人いらっしゃる忙しい中も、精力的に動いていらっしゃいます。作業時間は週に５時間。海外の新聞柄やマンガ柄などのリバーシブル帯を作って、着物にもユニークさを取り入れることも楽しまれています。

今後の目標は、着物をオシャレアイテムのひとつの選択肢としてくださる方が増えること、海外にもアピールすることだそうです。遊び心を忘れない下田さん、着物のイメージががらりと変わるものを製作される、ユニークなアイデアを持った作家さんです。

コラボしたデコ帯留め色々

ちゃーみお着物と簡単巻き付け帯の着付け体験会

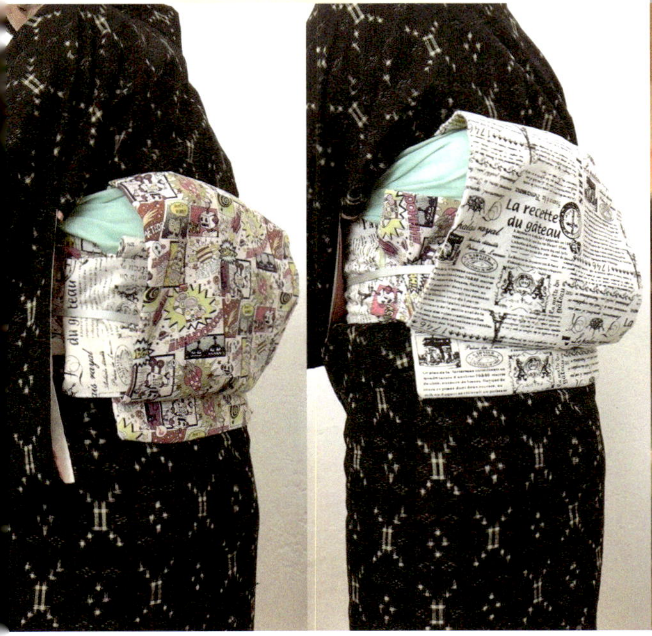

リバーシブル帯

作業風景（リバーシブル着物迷彩を縫っているところ）

ハンドメイド作家さん紹介④

洗う度にふわふわになるガーゼケット。

野口久美さん

のぐちくみ

＊ブランド名
ガーゼ専門店　みりい

＊活動歴
２年半

＊主な販売経路
ホームページ・ブログ・Facebook
佐賀県佐賀市
夫、子供２人

● ガーゼの専門店になろう！と決心

ふんわりやわらかいガーゼを使用し、お肌が敏感な赤ちゃんにもママにも優しい出産祝いとベビー・こども服を作っている野口久美さんです。

また、出産祝いもご予算に合わせたおまかせオーダーを受けています。名前の刺繍入りは、特別な贈り物になると、とてもご好評いただいているそうです。この度、ショップで一番人気のガーゼを専門に扱う作家になろうと活動を絞られました。

● 常に注文が入っています

ご自宅での製作時間は、約６時間。以前はイベントと委託販売に追われ、忙しいばかりで利益もない活動でしたが、中尾のセミナーを受けた後はそれらをやめ、商品、価格、販売方法を見直したところ、お申し込みが 10 倍になったそうです。出産祝いのガーゼケットとおまかせオーダーは、常に作っているくらいご注文があり、スタイ、ガーゼハンカチはリピート率が高く、「お祝いにもらって気に入ったので、今度は贈りたい」という方が多いそう。

今後は、たくさんの方にガーゼの心地よさをお届けできるように、専門店として気持ちも新たに活動されます。

ご予算に合わせたお任せご出産お祝いセット・男の子ブルー系

名前刺繍入り

贈り物用にご注文される方が多いです

子供と過ごす時間を大切にしたいので、リビングの片隅で作業

著者紹介

年に1回数量限定販売し、完売するリネンくしゅくしゅコサージュ。

中尾亜由美

なかおあゆみ

＊ブランド名

衣更月（きさらぎ）

＊活動歴

16年

＊主な販売経路

ネット販売・ブログ・Facebook・Twitter・Instagram

大阪在住

夫、18歳と20歳の息子と4人暮らし

作った服を着ていたら、お店のオーナーに声をかけられたのをきっかけに、洋服と小物の委託販売をスタート。その委託先の突然の閉店により、何かに頼って販売するのをやめようと自立を考え、HPとブログを立ち上げる。

最初にはじめたヤフーオークションで、売れている人を徹底的に研究し、洋服が毎回完売するようになる。

その後、個展をやらないかとのお話をいただき、カフェの一角で展示販売を行う。そこから、展示会が連鎖反応のように続き、地方からもお誘いを受ける。

2012年には、ファッションショーを開催。

現在は、ネットでも販売中。写真を載せるだけで洋服をお買い上げいただけることが増え、累計1000枚以上販売。お客様の8～9割がリピーター。

また、ヒーラーとしても活動中。

今後の目標としては、ハンドメイドセミナーやコンサルを通じ、作家さんの個性を活かした活動や、販売の仕方をアドバイスしたり、孤独になりやすい作家さんが相談できるグループを作ったりと、もっとがんばりたい作家さんのフォローを続けていきたい。

鳥取展示会

セミナー開催

展示会

名古屋セミナー

はじめに

「売れないんです。どうしたらいいでしょうか」と、よく相談を受けます。わたしは、その道のプロに聞くのが一番早いと思っています。

売れない理由には2つあって、「作品がよくない」と「知られてない」です。「作品がよくない」は、はじめから必要とされません。「知られてない」は、発信ができていないってコトです。

作家さんは、作ることには時間を忘れて力を注ぎますが、売り方を知らない方が多いです。作品さえ作っていれば、誰かいつか買ってくれるだろう…と思っています。残念ながら、売り方を知らないと、作品はいつまでたっても売れません。

パソコンが苦手だから、時間がないなどと言っていては、前には進みません。苦手でも仕事としてやらないといけないことがあります。

やるべきことをコツコツと淡々とするだけなんです。

本書では、自分をブランド化していく16年間の私の「ノウハウ」がギュッとつまっています。

ただ、継続していくには「メンタル」がとても大切です。人間関係や価格のこと、利益のこと、いろんなできごとに振り回されては、落ち込んだりしていると、やる気はどんどんなくなっていきますね。しかも、売れないし…。

私も過去には、作家としてスカウトされたネットショップのオーナーに意地悪をされたこともありました。反省するのは、お金の話をキチンとできなかった頃の自分や、作品の扱いが雑だった委託店のオーナーに物申せなかった自分。

今のようにハンドメイド作家向けのコンサルタントやセミナーなどがない時代です。誰にも相談できずに悲しい思いや悔しい思いをたくさんしてきました。あの頃の私のような気持ちになっている作家さんがいるのではないかと思います。

それでも、やるからには「諦めないこと」が大事なのです。

今、この本を手にとってくださっているということは、まだまだ、がんばりたいと思っているのではないですか？　本書を読めばすぐやれることがたくさん見つかり、きっとお役に立てることと思います。

また、売れない理由で見落としがちなのが「作家自身の魅力」です。作品には、作家の魅力も必要なんです。

私は、今はこうしてハンドメイドとコンサル業やセミナー講師が仕事になっていますが、家に帰れば子供もいる、ごく普通の主婦です。家事もこなしています。

はじめは、前へ出るなんてとんでもないなんて思っていましたが、前へ出るとファンになってくださる方がいることに気がつきました。それは自分が見られているということです。作品が魅力的でも、作家が生活感丸出しなら、作品は台無しになると思ったわたしは、自分磨きをするようになりました。自分の作品の動く広告塔になろうと思ったのです。

そこから、人に会うことをひたすら実行しました。一年経った頃には世界が変わっていたのです。

作品は、作品とお金の交換ではありません。販売は人と人です。物は人から買いますよね。人に会うことの大切さを本書でもしっかり書いています。

私は、子供の頃からもの作りが大好きでした。まさか、ここまでお仕事になるとは思ってもみませんでした。

さぁ、あなたはどんな作家になりますか？　どんな未来でいたいですか？　みなさんが、自分らしく輝けるように願っています。

中尾 亜由美

もくじ

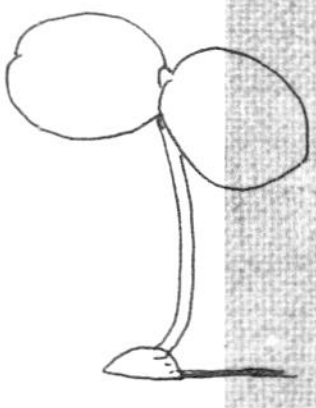

5章
作家としての
認知の広げ方と見せかた

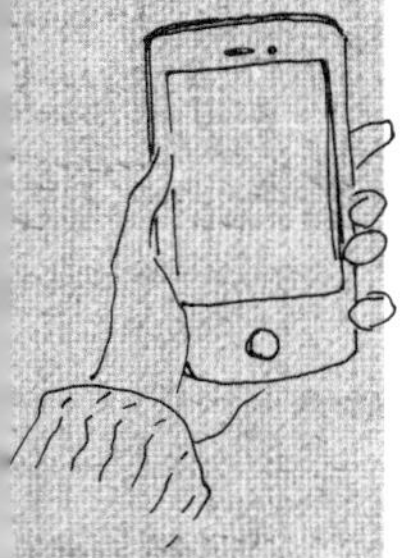

6章
ファンをつかむソーシャルメディアの
具体的な使いかた

7章
作家のカラーを出した売れる作品の作りかた

8章
お友達価格から正規価格へのシフトのしかた

Note

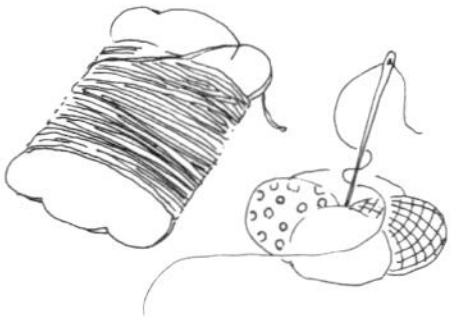

cafe

1章

イベント・委託販売・通販サイトからの卒業と自立のしかた

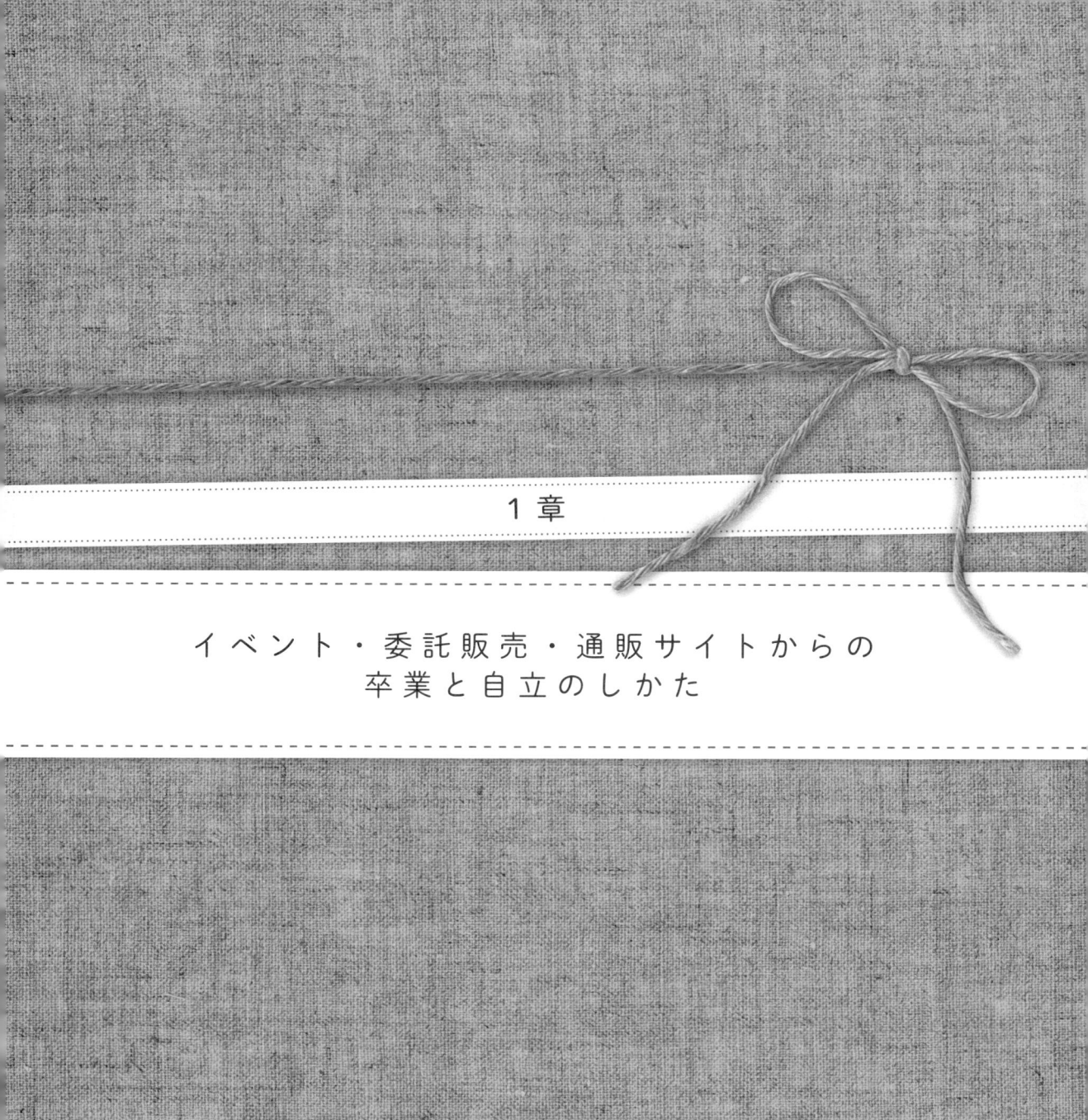

Lesson 01

安売りするハンドメイドイベントにまだ出ますか？

ひとりの作家として見られるには

● はじめは楽しいイベント出展

イベント出展は、ハンドメイド作家さんなら一度は経験したことがあるのではないでしょうか。主催者が、チラシ作成や宣伝、集客も全部してくれます。準備が大変なところもありますが、作家は作品を持っていけば即、自分のお店の店主になれるという手軽さがあります。主婦仲間やハンドメイド仲間が集まって、グループで参加したりしますよね。

でも、時間がたつにつれ、はじめは楽しくやっていたのに、グループ内でのトラブルや、イベント参加への気持ちに温度差を感じたりして、やりにくくなってくるという話もよく耳にします。お友達感覚なので、価格も低く設定してしまいます。

● 安売りではない価格設定に向き合おう

私は、イベントには出ませんでした。それは、ひとりの作家として見られないからです。イベントに出ている作家はすべてひとくくりで見られるので、覚えてもらえません。ひとりの作家として活動したいなら、「安いから買う」と思われたくないはずです。あなたは、安くてもいいから売りたいのか、作品としての価値を見てほしいのか、どちらがいいですか？

私は、ひとりの作家として自立したいと考え、安売りではなく正規の値段をつけて逃げずに向き合おうと思いました。ブース代も取られ、利益もない、作家として覚えてもらえないなら、イベントに出る意味はない。人に頼らず、自力で売ろう！　自立しないといけない！　と思ったのです。イベントでのお客様との交流は大切ですが、労力に見合わない行動をするより、努力が身になる行動をしませんか？

お客様に会う方法は、他にもあると思います。ひとつに固執しないであなたがどうしていきたいか、どうしたら楽しいのかを考えてみましょう。

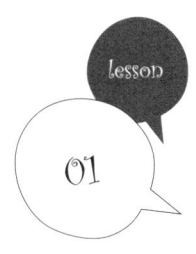

大変なわりには利益が薄いイベント

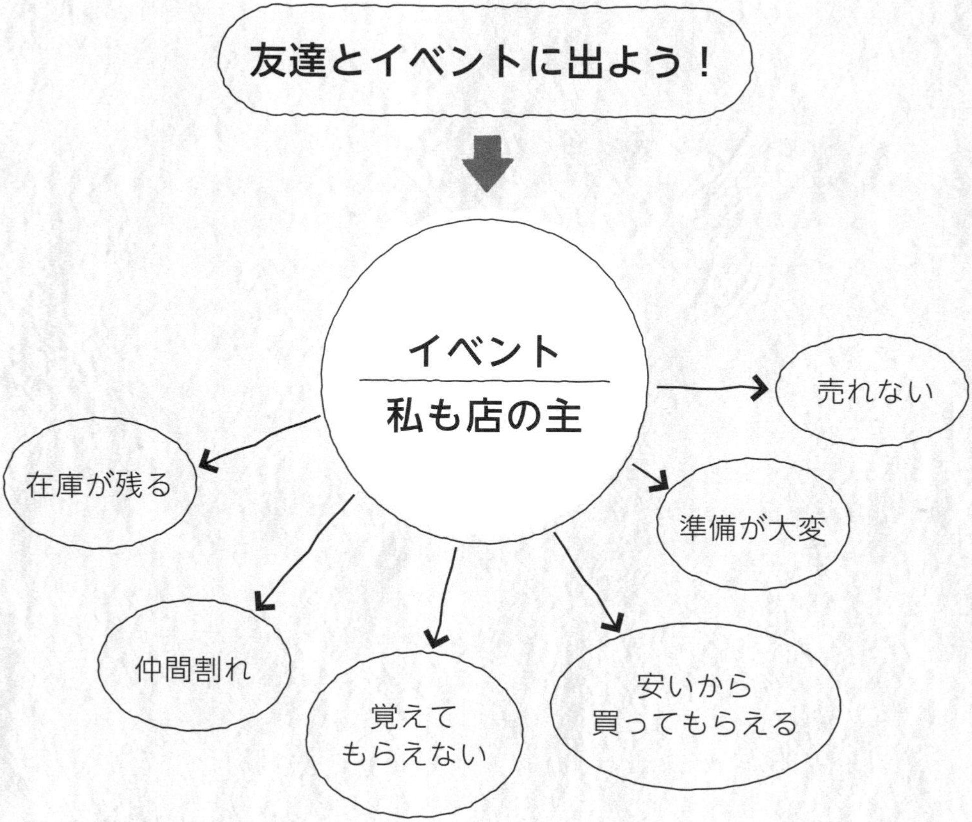
友達とイベントに出よう！
イベント
私も店の主
売れない
在庫が残る
準備が大変
仲間割れ
覚えて
もらえない
安いから
買ってもらえる

出店の意味を見出せなくなる

イベントは誰とするかも重要。
作家としてどう見られたいか
を考えて行動しよう

lesson 02

利益を取る委託店とネット販売サイトについて

商売として成り立たないことはやめよう

● その委託店は本当に大丈夫？

イベントと同様に、委託店での販売も作家さんの中では定番の売り方でしょう。私も、はじめはお店の店主さんに着ている服をほめられて「うちで販売してみませんか」と、声をかけていただいたのが、作家としてのスタートと委託販売のはじまりでした。委託店は、店主さんにより作家としての活動方法が変わってきます。お店によっては、好きな値段がつけられず、他の作家に合わせてほしいといわれたりもします。他ではこの値段だけど、このお店ではこの値段、と価格を変えて販売すると、作家としての信用を落とします。そのため、屋号を変えて販売する作家さんもいます。それでは委託店の単品売りだけになってしまうので、作家のブランド力にはつながりません。屋号を変えないなら、心情的に安い値段設定にそろえてしまいがちです。

● 売れなければ廃棄処分になる

さらに気になるところは、作品の扱い方です。大切に扱ってくれるお店ばかりではありません。1ヶ月も売れ残れば、ほこりをかぶり色あせ、売りものにはならなくなります。それではあなたの作品を捨てなければいけなくなります。お店での盗難の保障もしてくれません。おまけに30％～50％の委託料が引かれるので、利益はとても薄くなりますね。販売をお任せするので楽ではありますが、当然手数料はお支払いしなくてはいけません。

● 手軽だけど、よく考えよう

または、スマホからも販売できる手軽なネット販売サイトもあります。安く売っている作家が多いサイトや、ある程度の価格をつけているサイトなどそれぞれに色があるので、自分の売りたい価格帯をよく考えて販売するとよいでしょう。しかし、ネット販売サイトも、売れれば何割か手数料を引かれるわけです。結局、丸々利益にはならないのです。

作品の価値が半減

出費

イベント	**出店料**	ブースをうめる作品量
委託	**委託料 30〜50%**	半分になるかもしれない売り上げ
ネット販売サイト	**手数料**	丸々利益にはならない

↓

商売として成り立たない

委託店や店主さんの質を知り、
手数料を引かれ売れ残った時
のことも考えよう

Lesson

03

売れない不安

一作家として活動していくことに労力を使おう

● 販売先を1点にしぼっても大丈夫？

イベントも、委託店も、ネット販売サイトも手数料を引かれますが、すべてやめてしまうと不安になりますよね。販売先がなくなるのですから、ますます売れなくなる……でも、本当にそうなのでしょうか。

イベントで作家名を覚えてもらえたとしても、数人だと思います。しかも、何度も何年もイベントに出ないと、覚えてはもらえません。雨の日も風の日も……大変なわりには報われない。もちろん、どんなことでも人気が出るには時間がかかります。

ネット販売サイトでは、22万人の作家が登録しているところもあります。その中から、どうやって見つけてもらうのか。作品の良さ、安さ、作品の多さ、写真の美しさ、説明文のうまさ。いくらがんばっても22万人のうち1人です。販売サイトのネームバリューがあっても、あなたを探し出してくれる確率はかなり低いと思います。サイトの中には比べられる相手がいます。同じものを売っていたら、こちらのほうが安いから買おう、と思われる可能性は高くなります。

● ずっと作家として活動したいと考えるなら

また委託店は、閉店するリスクがあります。閉店すれば、あなたの販売先があっという間になくなるわけです。自立すれば、それらの不安はなくなります。どれもメリット、デメリットはあるでしょう。誰かについていれば安心かもしれません。でも、時代とともになくなるものも出てきます。

自分で販売をしていれば、その心配はなくなります。そう考えた時、イベント、委託、販売サイトはやめてもさほど支障がないのではないかと思います。自力でどうやって販売していくか考えるほうに、努力と時間を使っていきませんか？　一作家として認識してもらえることに労力を使いましょう。

手数料
在庫の山
安売り イベント
時間がない
委託店の閉店
出店料
安売り ネット 販売サイト

自力で販売すれば、その不安はなくなります

誰かについていてもずっと存在するわけではありません。やめると不安だからやめられないという悪循環を断ち切ろう

lesson 04

自力販売に絞るのがなぜ良いのか

エネルギーの分散をなくそう

● 時間がない！利益がない！に、ならないために

自力販売が良い理由は、今までお話してきました。それは、利益を丸々得られるということや、急な閉店がなかったり努力に見合った収入が得られるなどがありますが、一番はエネルギーの分散がないと言うことです。

イベントは、準備などに時間がかかり、委託販売は店舗へ大量に同じものを持っていく日々。どちらも、時間をとられる割には、利益が少ないのが現状です。出れば出るほど、作れば作るほど赤字になります。さらに、ネット販売サイトで販売もしている……ハンドメイド作家さんは、主婦の方が多いです。家事をする時間がなくなってしまいます。

様々な場所で、自分を知ってもらおうと思う気持ちはわかりますが、力が分散し疲れるだけです。日々の仕事だけでも忙しいのでしたら、利益の取られない自力ネット販売に力を注いだ方が、効率がよいです。しかも、自宅にいながらがんばるだけですし、天候にも振り回されません。

● 一度委託とイベントをお休みしてみる

実際、委託とイベントをやめて飛躍的に売り上げを伸ばしている作家さんがいます。なぜなら、ひとつのことに集中できるからです。あれこれ考えないで、自力ネット販売の仕方だけに力を注げばいいので、自分の時間も持てるようになります。手放してみてはじめて、実感したそうです。

ただただ忙しかった毎日からは開放されます。自分の楽しい時間や、子供さんとの時間も取れるようになるでしょう。

ハンドメイドも限られた時間の中でどのように考えていくかが重要です。時間がなくなってもただ売れれば良いのか、自分の時間もキープしながら、楽しんでハンドメイドをやっていくのか。目標設定や意識を変えると、どうすれば良いかが見えてきますよ。

あなたもひとり。時間も限られている

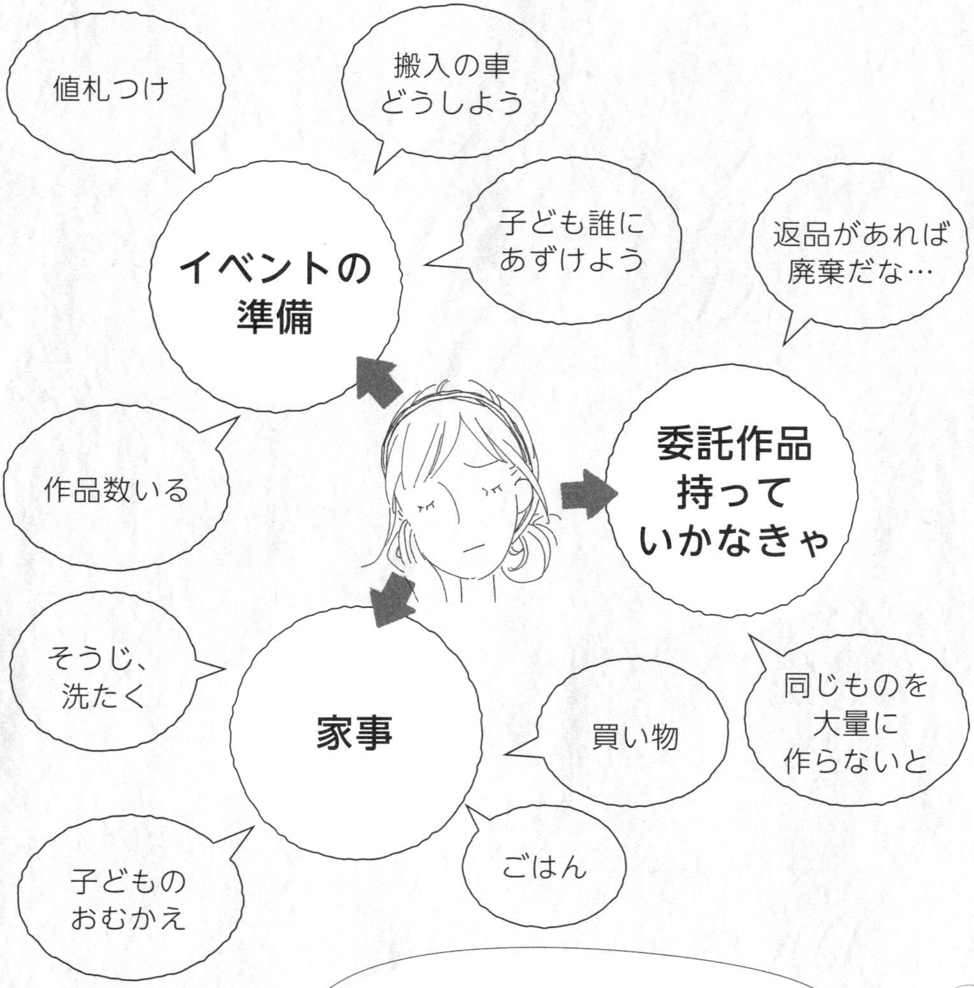

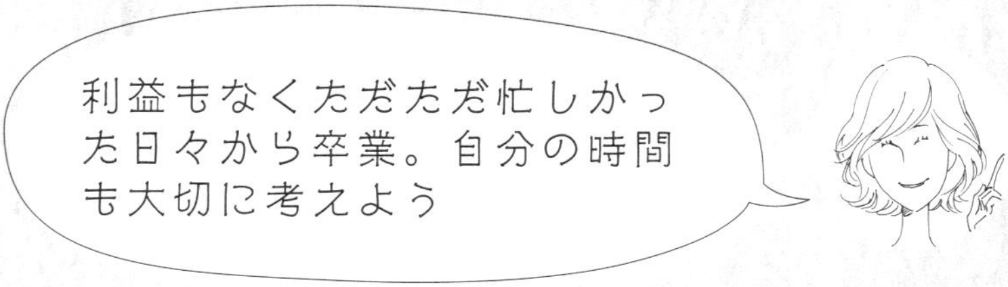

Lesson 05

自立してすべて自分ですることが面倒ですか？

大変なのは、はじめだけ

● 自分でやる自由さがある

委託店やネット販売サイトは、販売から決済までお店側がしてくれます。委託店によっては、決済だけは自分でしなければいけないお店もあるようですが、販売の手間はないですね。

自立するとなると、販売からお客様とのやり取り、入金確認、発送と、すべてひとりで行います。販売方法はネット販売が主になり、自分のHPか無料で作れる販売サイトを利用することになるでしょう。自分のHPなら、お申し込みフォームも用意しなくてはいけません。販売記事作成にともない、作品の撮影もします。販売サイトによりますが、画像の数が制限されているところもあります。でも、自分のHPなら好きなだけ使えます。販売の仕方、買いやすい導線の作り方など、今まで人任せにしていたことを自分でやっていきます。

● あなたにとってもお客様にとってもよい方法を考えよう

決済方法は、無料で作れる販売サイトを利用するなら、手数料を取られる場合もあります。その点、自分のHPなら、自分で管理するので手数料はかかりません。

はじめにシステム化するために時間はかかりますが、形を作ってしまえばあとは案外楽なのですよ。１つ作れば、それを応用すればOKというものがたくさんあります。

お客様は、今度はあなたを探して、あなただけを目当てに買いに来てくださいます。わかりやすく買いやすい環境作りは、あなたにかかっています。あなたもネットでお買い物をしていますよね？ その時に、どんなサイトが買いやすいか、リサーチしてみてください。あなたがお客様になって考えるのです。根気よく時間を惜しまず丁寧に、お客様目線で作ってみましょう。

自立してすべてひとりでします

**販売記事と
お申し込みフォームを作る**

↓

あなたがしなければいけないコト

- 告知
- 販売
- お客様とのやり取り
- 入金確認
- 発送

システム化すれば、あとは簡単

大変なのははじめだけ。
比べられる相手がいないのが
自立販売の利点

Lesson 06

あなたの作品をよりたくさんの人に知ってもらうには？

ソーシャルメディアをフル に使おう！

● 自分を売るには

自立しようと考えた時に、一番はじめにやらなくてはいけないことがあります。それは、ソーシャルメディアの強化です。発信しないことには誰も見つけてくれません。ブログ、フェイスブック、インスタグラムなど様々なツールがあります。

作家さんは、作品を作ることには一生懸命なのですが、自分を売ることや作品を売ることが苦手な方が多いです。それでは、ひとりで売っていくのは難しいです。今まで自分の作品を見てもらうために、何かを使ったり誰かにやってもらっていましたが、自分で見せていかなくてはいけません。

● 発信すれば世界中につながる

「ブログを書くのが苦手です。時間がありません」という方が多いです。苦手は、やれば克服できます。時間は作るものです。あなたは何か買いたいと探す時、ネットを使いませんか？　パソコンで検索しますよね。情報も今はネットでなんでも入ってきます。あなたの作品もネットで検索できるようにすればいいのです。今までの、イベントや委託店販売なら、その周辺の地元のお客様が多かったのではないでしょうか。ネットで発信すれば、あなたの作品が全国の方の目に触れます。私は大阪在住ですが、お客様は北海道と新潟に多くいらっしゃいます。それも、ブログとフェイスブックでどんどん発信したからです。知ってもらうために、コツコツと発信してみてください。顔も知らない人とつながって、どんどん広がっていきます。おうちにいながら、みなさんに逢っている、そのような感覚ですね。思わぬところから、ご注文を受けたりすることもありますよ。

あなたがお店の店主なのです。あなたが売らなくては、はじまりません。あなたの作品を待っているお客様はたくさんいるのですよ。

知ってもらうためにやったこと

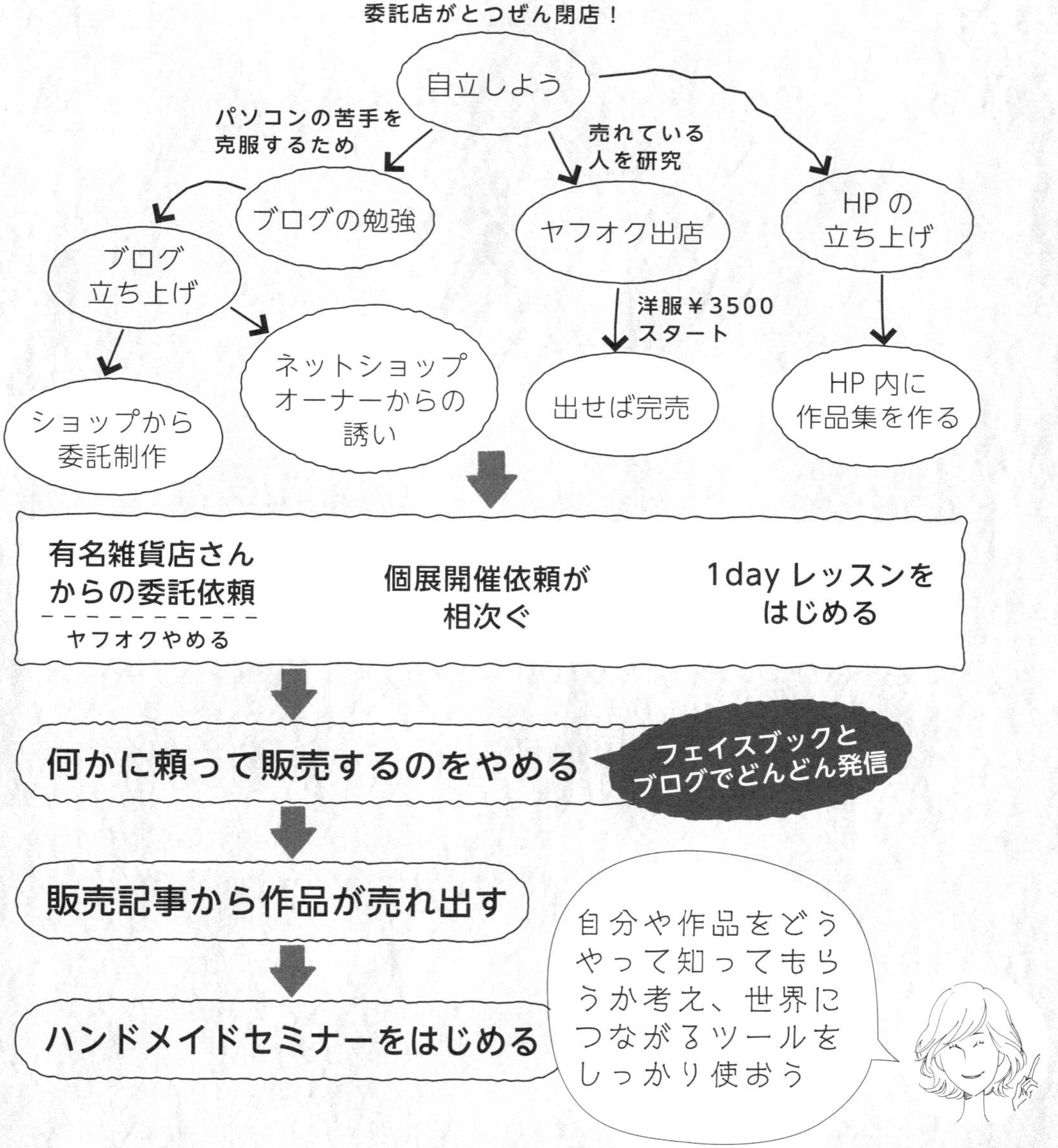

Column

ど～せ趣味でしょう？といわれた日

ハンドメイド作家さんは、主婦が多いです。流行の「主婦起業」です。「ど～せ趣味でしょう？」は、ハンドメイド作家さんには、辛い一言ですね。

はじめたきっかけは、だいたい趣味の延長ではないですか？　器用だから手作りをしていたら、作って欲しいとママ友から依頼され、お金をいただくようになり、販売しようと思った、という人が多いのではないでしょうか。でもそこからなんですよね、どうやっていこうか考える人と考えない人の別れ道。

私の販売のきっかけは、売ってみない？　と声をかけられたことです。ハンドメイド作家になるぞ！　と意気込んではじめたわけではありません。でも、そのお声がけがなければ今の私はいませんので、とても感謝しています。

その後は、ハンドメイドでトップになりたいと思い、家族に宣言したことから、意識と行動が変わりました。でも、売り上げはなかなか伸びず、何かにつけて「どーせ趣味なんでしょう？」と言われました。

主婦が片手間にやっているハンドメイド、おこづかいがちょっとできる程度の売り上げで、「利益がない」「しんどい」と愚痴ってやめていった作家をたくさん見ています。

お金をいただくならプロです。はじめは誰でも失敗もします。影でかっこ悪く泣いても、好きだから続けてこられたし、努力は誰かが絶対見ています。

嫌味をいわれた時に、よしがんばろう！　と思うかどうかです。嫌がらせなんて上げたらきりがないです。新人だからなんてお客様には関係ありません。あなたの作品だから欲しいといわれることを目指して！

2章

自分で作品を売るために必要な
マインドと継続のコツ

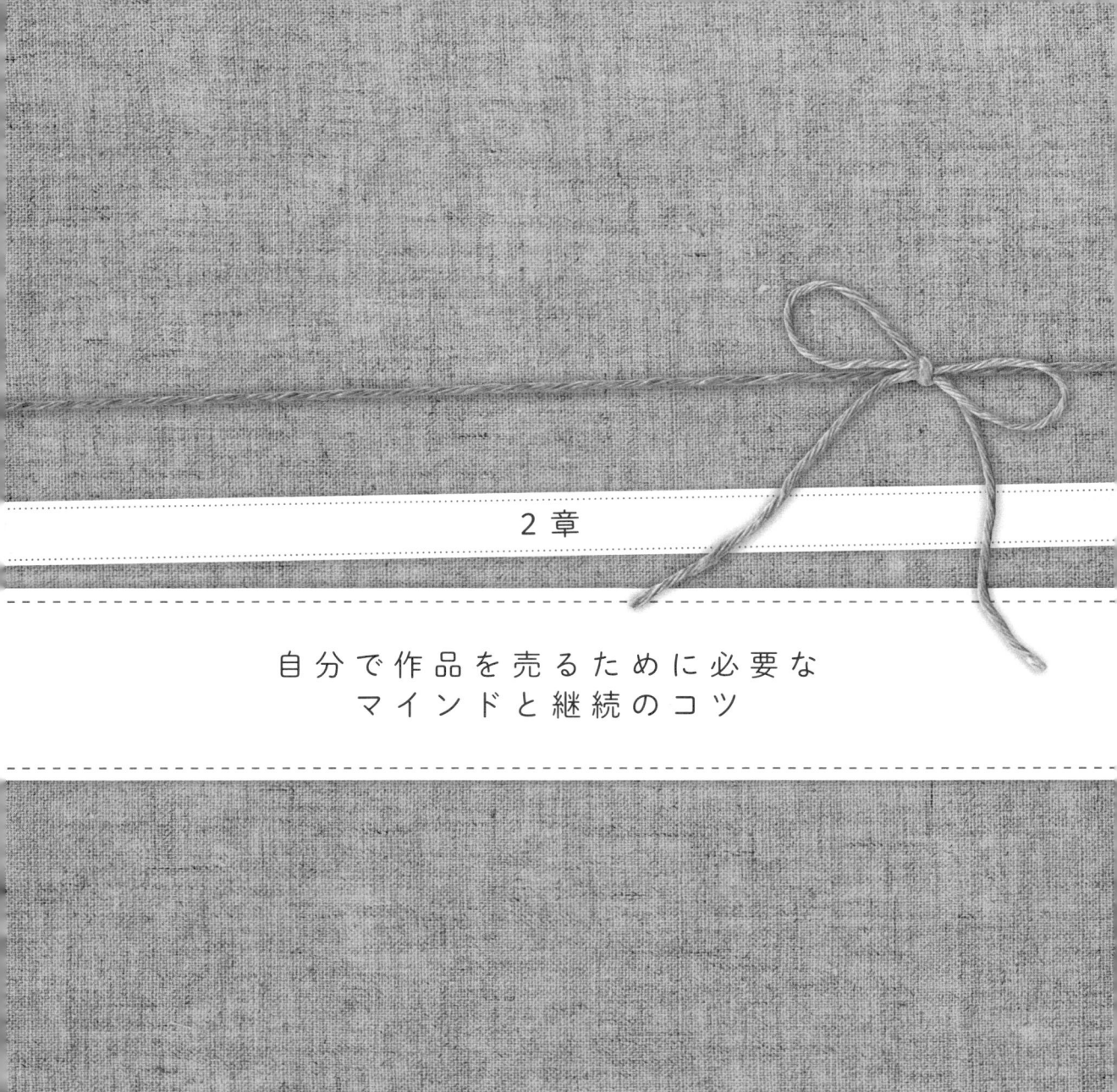

Lesson 01

自分の作品に自信を持とう

自分の作品を売りたくないと思うほど愛していますか？

● 作品の価値を伝えよう

あなたは自分の作品に自信を持っていますか？　どれだけいいものか語れますか？　それができなければ、売ることはできません。自信のないものをお客様に売れませんし、おすすめできなければお金はいただけません。

日本人は、謙虚が美徳だと思うところがあります。自分のことをほめたり、よいところを探したり、自分を売り込んだりすることが、図々しいと思ったり、恥ずかしいと考える人が多いです。それは、自分にウソをついたり過大評価をするわけではありません。正しい情報をお伝えする。それだけです。

● 自慢ではなく自信

あなたの作品は、お金を払っていただく価値のないものなのでしょうか？

そんな作品を作ってはいないはずです。とてもいいと思っているから、売ろうとするのではないですか？　よりたくさんの方に見てもらいたい、お客様に届けたいと思って作られていますよね。それなら自信を持って、どんなところがいいのか、ちゃんと情報をお客様にお伝えしましょう。自分の良さや、作品の良さを伝えることは、自慢ではなく相手へのやさしさだと思っています。誰でも、正しい情報を知りたいのです。自慢と思われるかもと考える必要はありません。自信のないものは売れません。文章にもそれは表れてくるので、お客様は不安になります。不安を持つと、人は買わなくなります。

● 見合った価格をいただくためにすること

お金はエネルギーです。そのエネルギーに見合った価値のものと交換したいと人は考えます。自分の作品がどれだけ価値のあるものなのかキチンとお伝えしましょう。まずは、自分の作品を愛すること。自信を持っておすすめするのを、いけないことと思わないでくださいね。

自分の作品を愛そう

こんなところにこだわっている
こんなところがいい
世界にひとつ
とってもかわいい
他の人とは違うよ

作品の良さを伝えるのは自慢ではありません

自分の作品の価値をキチンと伝え、作品に自信を持つことが大事

lesson 02

行動すること

動かなければはじまらない

● とにかくやってみよう

セミナーやコンサルを受けても、８割の方が行動しないといわれています。聞くとやったつもりになるのと、知っているというだけで実際やらない方がとても多いのです。もったいないですね。

それをやったら嫌われないか、どう思われるか不安。その気持ちはわかります。行動すれば必ず成果があるとはいえませんが、一歩を踏み出すことが大事だと思います。

はじめからうまくいく人はいません。やってみないとわからないこともたくさんあります。これをやれば成功するはず、うまくいくはずなんて、誰にもわかりません。とにかくやってみようと思う気持ちが大切です。

いざ、教室をはじめてみても、お客様が１人しか来なかった……と落ち込む前に、１人来てくれたことを喜びませんか？　あなたの記事を読んで共感して講座を受けたいと思ってくださった方がいるのです。それは、すごいことなんですよ。

● 行動の目的や目標を決めよう

私はセミナーを毎月開催していますが、受講生はお１人でもいいと思っています。満席は嬉しいですが、第一の目的は満席にすることではありません。私がいいと思ったことを誰かに伝えられたら嬉しいと思ってやっています。

どんなことでも目的とすることがずれてしまうと、うまくいかなくなります。どんな目的でそれをやるのかを考えて発信するといいと思いますよ。

目標設定は大事ですが、無理な設定や叶いそうにない大きな設定をすると、できないかもしれないという気持ちが働き、一歩が踏み出せなくなります。今の自分は何ができるのか、身近なところから目標設定してみましょう。きっちり決めてしまうよりも、予期せぬ出来事が起きても柔軟に対応できます。

はじめからうまくはいきません。まずは動こう！

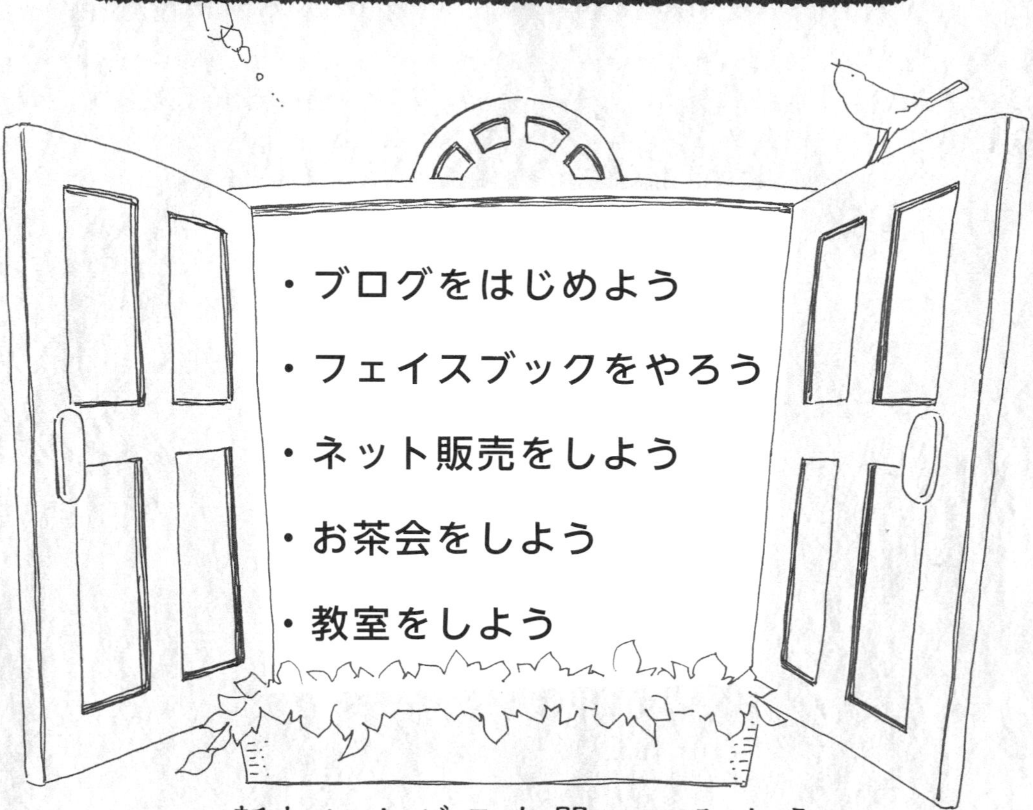
・ブログをはじめよう
・フェイスブックをやろう
・ネット販売をしよう
・お茶会をしよう
・教室をしよう

新しいトビラを開いてみよう
やらないとはじまらない
あなたの世界が広がるかも！

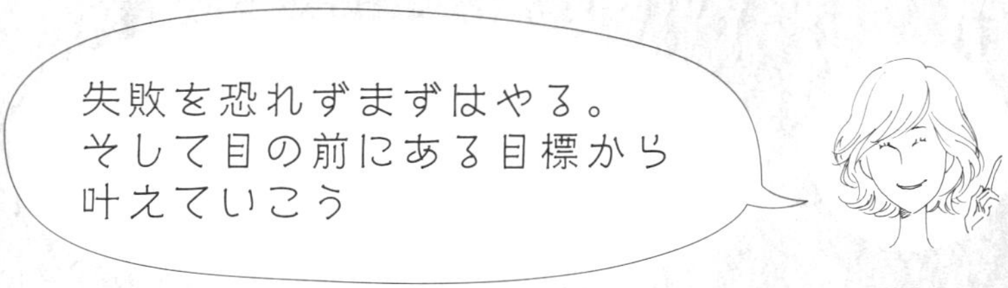
失敗を恐れずまずはやる。
そして目の前にある目標から
叶えていこう

lesson 03

継続するコツ

すぐにあきらめないで！

● 淡々とコツコツやるだけ

売れるには、時間がかかります。すぐに人気者になったり、急に売れ出すことはありません。まずは、コツコツと継続することです。

でも、これは簡単なようで案外めげる方が多いのです。やったらやっただけ結果が出ると思いがちですが、そう簡単にはいかないのです。お客様相手ですからね。自分の思い通りにはいかないのが、人の気持ちです。やっても売れない、そんな時期は誰にでもあります。そこでやめてしまってはなんにもなりません。すぐには売れないということを理解して、淡々とこなすことを意識してください。

● ひとつがダメなら、別の手を考えよう

やることに変化を持たせることも大事です。同じことばかりやって「売れない」とめげる前に、柔軟にいろんなことをやることが大事です。ブログで反応がなければ、フェイスブックに投稿してみたり、インスタグラムで写真をおしゃれに加工して投稿したり。切り口を変えて記事を書いてみたり。様々な角度から発信しましょう。そうすれば、違うジャンルの人の目に触れます。

● 売れるには時間がかかります

すぐに売れると思ってしまうので、ガッカリして、やる気がなくなります。過剰に期待しすぎないこと。それと、楽しんでやることです。やればやるほど、人ともつながります。その人たちとのつながりをまず楽しみましょう。仲良くなることから、お客様につながる場合もあります。

いつも売れない、楽しくないと思いながら行動していると、それは人に伝わります。楽しいところ、明るい人のところに人は集まります。作品作りが楽しい、たくさんの人に逢えるから発信も楽しい。そんな気持ちを忘れずにいてくださいね。売れない、反応がないとすぐにあきらめないことです。

すぐに売れないのは当たり前

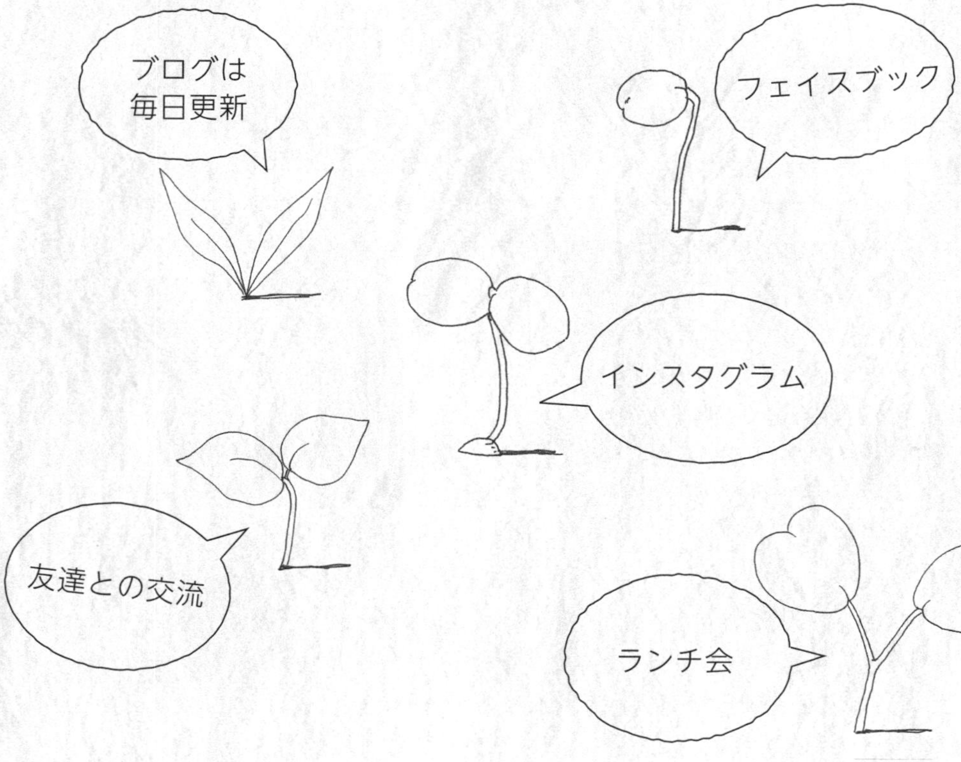

コツコツと種まきをしましょう

淡々とやるべきことをすると
未来が見えてくる。どんなス
タンスでやっているかは重要

Lesson 04

できているという達成感

やることリストでやる気を出そう！

● 小さな一歩から

本当に成果が出ているのか、ちゃんと進んでいるのか、一生懸命、やっているのに達成感が持てないのは、結果がついてきていないからです。

達成感を味わうために、やることリストを作ってみてください。自分に何が足りないのか、何をすればいいのかを書き出してみるのです。自分で自分のことはわかりにくいものです。人に聞いてみるのもいいですよ。客観的に見てもらうことは自分の新たな発見にもなるので、人の意見は貴重です。お友達同士でフィードバックしてみるのもいいと思います。

● 手の届く目標設定がコツ

また、いつまでにこれをやろうなどの目標設定をするのもおすすめです。例えばブログの強化を３ヶ月以内にやろうなど、期間を決めてみるのもいいですよ。では、３ヶ月で何をするのか、逆算してやることリストを作ってみてください。何からやるのか順番に書き出します。できたら、それをひとつひとつ斜線で消していくのです。消した分だけ、進んでいるということです。あなたは、それだけのことができているのです。

● 人と比べないで、あなたの進歩をほめよう

大きな成果は、誰でも欲しいと思うでしょう。でも、小さな一歩はたくさん出ていることを実感してください。自分は何もできていない、進んでいないと落ち込まないことです。大きすぎる目標設定ではなく、できそうな目標を立てるのもコツです。

あの人はできていると、人と比べる必要はありません。あなたはあなた、人は人です。性格も違えば、作る作品も違う、発信の仕方も違います。人と比べて自分を評価しないで、あなたのできていることを評価して、自分をほめてみてくださいね。自分のすばらしさに気づくことが大事です。

やることリストを書いてみよう

できたら
斜線をひこう

- ~~ブログの導線を整える~~
- 申し込みフォームを作る
- 販売記事を書く
- 読者登録 1000 人
- 作品写真を撮る

進んでいるコトを実感しよう

やることリストは具体的に書いてみよう。欲張らないで小さな一歩から

Lesson 05

同業者は本当にライバルか

あなたのお客様が取られる？

● 同業者は仲間

ハンドメイド作家さんは、女性が多いです。グループを組んで一緒にイベントに出たり、お店を持ったりしています。ですが、グループ内でのライバル意識や、マネをされた、価格競争など、様々なトラブルの相談も受けます。

なぜ、そんなことが起きるのでしょうか。それは、同業者は自分のお客様を取っていくライバルだと思うからです。グループ内でも取り合いをしているということですね。それでは、グループを組んでいる意味はなくなります。お付き合いをやめますか？　自立という意味ではグループを組む必要はありませんが、同業者同士のお付き合いはいいところもたくさんあります。仕入先の情報交換や、アイデアを出し合ったり、お互いのいいところを認め合うと「ライバル」から「仲間」に変わってくるのがわかると思います。

● 意識を変えよう

私のセミナーにもたくさんの女性作家さんが集まります。いつも同業者は仲間なのですよ、とお話ししています。セミナーでは同じ志を持った人が集まるので、交流の場にもなります。セミナーで意識が変わると、お互いがお客様になっていたり、取引先になっていたり、コラボ作品が生まれたり、いい方向へ気持ちが向きます。

モノは考えようなのです。ライバルと思うからライバル意識を持ちます。あなたは人と違うのです。あなたはひとりしかいません。同じものを作っていても、あなたが作るものと、人が作るものとは違います。同業者とは、心強い仲間です。作家は孤独です。相談をしたり、意見をくれるのは、同業者でないとできません。あなたの気持ちを理解してくれるのは、同業者の仲間ではないですか？　ライバルと思わないで、活動してみてくださいね。

あなたの作品の新たな展開に結びつくかもしれませんよ。

作家同士は仲間です

同業者を
ライバル視

・ねたみ
・価格競争
・不安
・うらやましい
・比べる

同業者は
仲間

・情報交換
・コラボ展示会
・コラボ作品
・取引先になる
・お客様になる

考え方ひとつで作家活動が楽しくなる

人と比べたりライバルを作らない
考え方になり、同業者への偏見を
無くしていい関係を築こう

Lesson 06

批判やクレームについて

ハートが強くなければ、めげてしまいます

● 改善点があるなら真摯に受け止めよう

一生懸命がんばっているのに、批判コメントが来たらどうしますか？　私ももらったことがあります。

批判コメントにも２種類あるかと思います。コメントの中に反省するべきことが含まれているものと、誰にでも当てはまるような言葉でただはけ口にされているようなものです。後者は、無視してよいものですが、前者は真摯に受けとめて、反省部分以外は、スパッと忘れましょう。

クレームも同じです。あなたへのキチンとしたクレームでしたら、言ってくる方はかなりのエネルギーを使います。そこで、カチンとくるか、改善して今後に活かそうと思うかの対応次第で、あなたの今後が変わってきます。キチンとしたクレームは、あなたへの期待も込められているからです。そのお客様には感謝をすることを忘れないようにしましょう。意外に、その後はお得意様になってくださるケースもあります。

● 反応しすぎないこと

どんな嫌なことにも、必ず意味がありますが、何度も何度もあなたを苦しめるようなコメントが来るなら、ブロックをするという方法もあります。回数を重ねると、やはりめげてしまいますからね。

作家さん同士の妬みは、結構あります。ハンドメイド作家さんには女性が多く、同性同士の妬みが渦巻いています。

２：６：２の法則をご存知ですか？　あなたのことが好きな人２割、どうでもいい人６割、何をやってもあなたのことが嫌いな人が２割いるという法則です。ほとんどの方が、「あなたが嫌いな２割の人」を意識しすぎているそうです。こんなことしたら批判コメントが来るかもと恐れず、「あなたのことが好きな２割の人」に意識を持っていきましょう。

批判コメントに一喜一憂しないコト

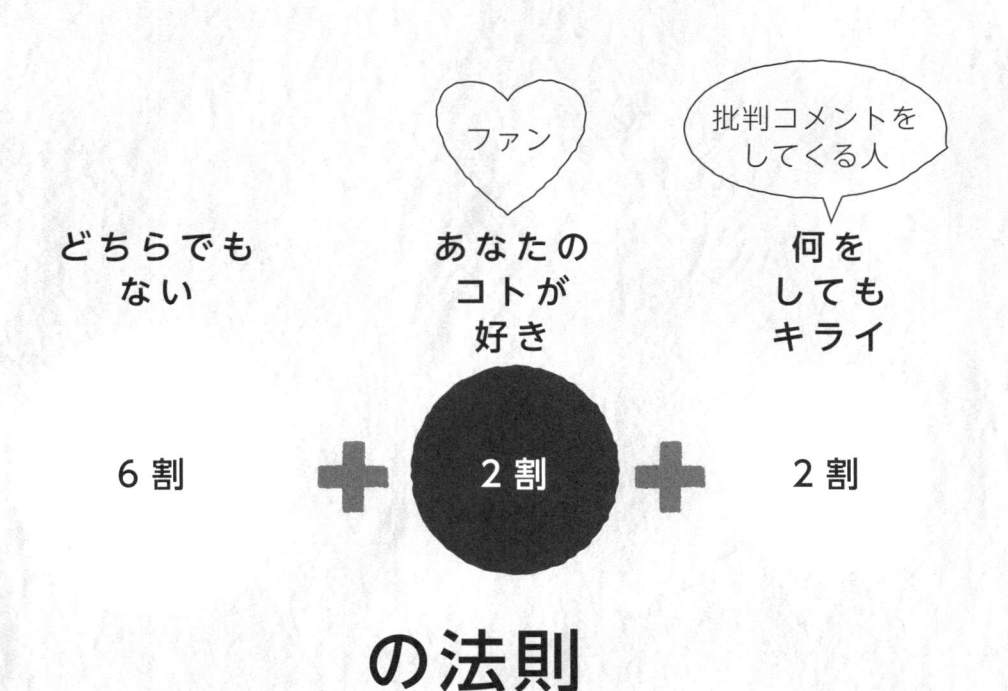

ファン

批判コメントをしてくる人

どちらでもない		あなたのコトが好き		何をしてもキライ
6割	＋	2割	＋	2割

の法則

２割のファンに意識を向けて

批判コメントやクレームは
自分を成長させる。
あなたのことが好きと言って
くださる方を大事にしよう

Lesson

07

趣味起業からの脱出

いつ趣味から脱出しますか？

● 作家としてやっていく覚悟

どうせ趣味でしょう？ といわれやすいハンドメイド作家ですが、起業家として活躍されている方もいます。はじまりが趣味の手芸からだったり、手先が器用だから作ってみたのがきっかけで、販売をはじめる方が多いですよね。だからこそ、作家本人も趣味感覚が抜けにくいのかもしれません。どこからが趣味でどこからが起業なのか、線引きが決まっているわけではありませんからね。

私の場合は、家族に「ハンドメイドをお仕事としていきますので、よろしくお願いいたします」と宣言しました。その時から､仕入れや売値を意識し、お仕事として考えはじめたのです。

そういう自分なりの線引きと覚悟がいるのではないかと思います。意識が変わると行動や考え方が変わってくるので、趣味から脱出しやすいですね。

● あなたの気持ち次第

趣味ではないと思うようになると、作品も変わってきます。今までも責任がなかったわけではありませんが、趣味だからという甘い気持ちがないとは言い切れません。これからは趣味の延長ではない作品作りと、責任がともなってきます。宣言は、意識を変える意味でも必要だと思います。

起業というのも大げさかもしれませんが、実店舗がなくともひとりの作家として店主になるわけですから、店舗経営となんら変わらないのです。趣味なんでしょう？ といわれない価格のつけ方や、安売りするハンドメイドイベントに出ないなど、販売への考え方も変化してきます。趣味起業からの脱出は、このように意識を変えることなのではないでしょうか？

あなた次第ということですね。ぜひ宣言をしてみてください。口に出したり誰かに言ってみることで、不思議と周りも変わってきますよ。

趣味から仕事への切りかえ時は？

家族や周りの人に「ハンドメイドを仕事にする」と宣言

↓

仕事への自覚が生まれる

↓

価格のつけ方や、仕事としての考え方が変わる

考えが変われば行動も変わります

趣味なのかお仕事なのかを
ハッキリさせ、作家として
活動していく覚悟を決めよう

Lesson

08

家庭との両立

ご主人の協力を得るには

● けじめがカギ

ハンドメイド作家には、誰でも簡単になれます。子供が小さくて外へ出られないので、パートに行くかわりに自宅で子育てもしながら収入を得ることができるハンドメイド作家は、主婦にはうってつけのお仕事です。パートに出ないかわりに家で仕事をするわけですから、ダラダラとけじめなくやってしまいがちです。家のことが後回しになり、家族に迷惑がかかりだすと、とたんに家庭内はうまくいかなくなります。家族に不満が出てくると、肩身がせまくなり仕事もうまく回りません。

● 家事はキチンとする

私は、長男が５歳、次男が３歳のヤンチャ盛りに作家として活動をはじめました。気をつけていたことは、家族に迷惑をかけない、不自由な思いをさせないことでした。迷惑をかけるくらいならやめようと思っていました。家族がいたから、主婦になったから、ハンドメイド作家として活動ができています。独身なら、生活がかかるので絶対にやっていませんでした。安心して帰る場所があるからできるのです。それを忘れてはいけませんね。家のことをキチンとこなすから、何かあった時は協力してくれるのです。普段からやることをやっていなければ、協力したくなくなるものです。

● 売り上げをあげよう

「主人が口うるさくて、困っています」とのご相談をよく受けます。ご主人は、あなたの邪魔をするわけではありません。心配をしているのです。仕入れやお仕事でお金を使うと、「それはいくらで売るの？　利益はあるの？」と聞いてきませんか？　男性は仕事脳なので、利益などを聞いてきて当然だと私は思います。あなたに売り上げさえあれば、ご主人はもう聞いてこなくなります。そして、協力してくれるようになるでしょう。

家族が一番

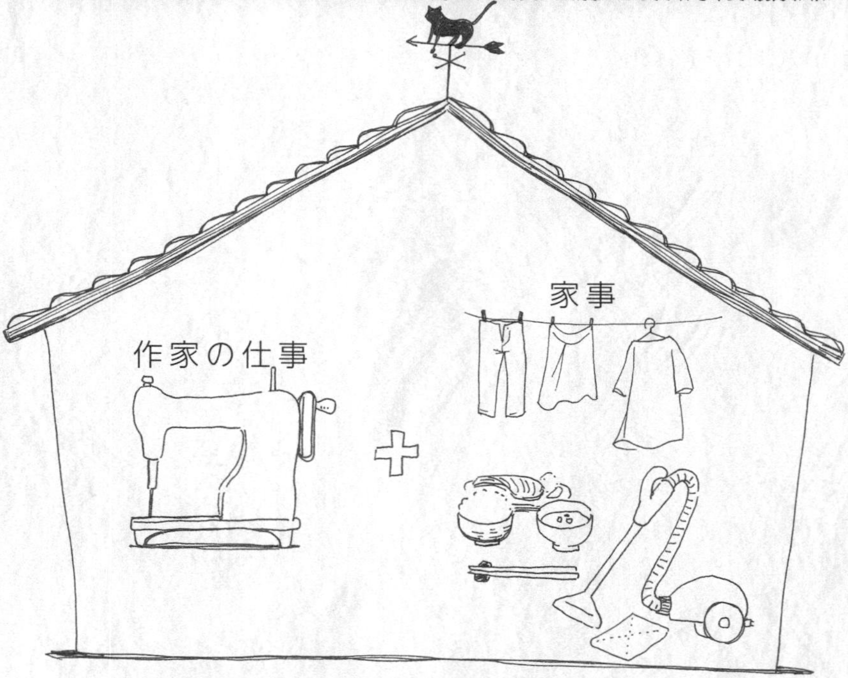

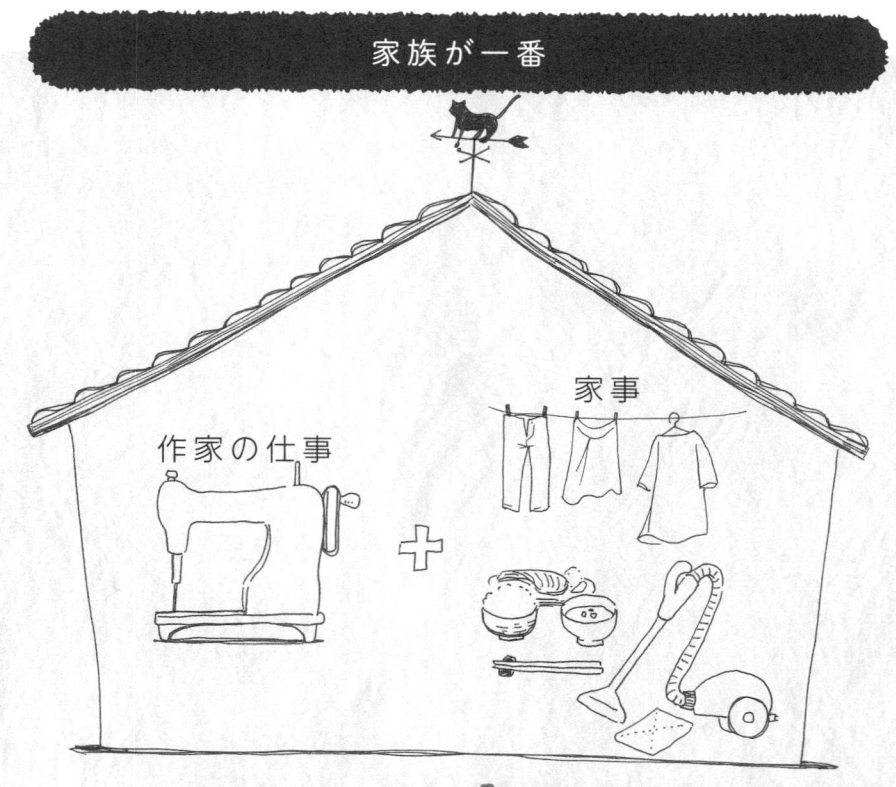

キチンと両立＋売り上げ

↓

いざという時に助けてくれる
頼みやすい

男性は売り上げ
重視です

家庭をおろそかにしないことと、売り上げを上げる努力を怠らない

Lesson 09

あなたの作るものは作品なのか商品なのか

クリエーターとしての考え方

● 作品は大量生産できない

作品と商品の違いとは、なんでしょう。作品はアーティストやクリエーターが「生み出すもの」で、商品は「売るもの」というイメージがあります。もちろん、どちらも売りものです。でも、アーティストやクリエーターは、商品ができたとはいわないです。

ハンドメイド作家さんは、イベントや委託販売などで同じ商品を大量に作りますよね。それは、作品を作るという感覚より、売れる商品を作る感覚だと思います。それが悪いわけではありません。必要なことだと思いますが、クリエーターは大量生産できません。なので作品ではないかと思っています。

私もハンドメイド作家をはじめたころは、1つ500円の小さなヘアゴムを10個単位で作ったりしていました。その時は、これが全部売れたらいくらになるな、これは売れ筋だから大量に作ろうなど考えながら作っていたところもあります。でも、ある日思ったのです。これって、誰が作ってもいいんじゃないかと。急に空しくなったのです。

● ひとつのものを生み出す作家としての活動をしよう

そこで、時間をかけて手刺繍した1点もののエプロンを作っていきました。3,500円で販売価格をつけたところ、エプロンに3,000円以上出す人はいないと却下されました。そのエプロンは、はじめてひとりの作家としての自分を表した作品だったので、ショックを受けましたが、安くなんて売れないと思い自宅に持って帰りました。

私は、作家として活動をしたかった。ハンドメイド作家さんの多くはそう考えていると思います。自分の作ったものが1点もので貴重なんだと思われるような活動をしたいのではないでしょうか。大量生産の商品ではなく、ひとつの作品として世に出したいと考えるのが、作家ではないでしょうか。

作品と商品の違い

作品とは

クリエーターが
生み出すもの

↓

特別感

商品とは

販売目的で
作るもの

↓

どこにでも
ある

作家としては、大量生産ではなく
特別感を与えるようなものを作ろう

作品の魅力を意識し、あなたが作るから貴重なんだといわれる活動を目指そう

Column

行動を起こすと一気に変わりだす

他人が売れたら、うらやましい……または、焦る。

ハンドメイド作家さんはメンタルが弱い方が多いです。とにかく今は、作家さんが多く、どうしても自分と他人を比べてしまいます。私も過去は「どうしてこの人に、こんなにも人気があるんだろう、同じようなものを作っているのに……」と思った時期があります。みんなが、どんどん活躍していくと比べて焦ったりしますね。

でも、売れない原因の一番は、とにかく数が足りないことです。ブログの読者数、フェイスブックの友達の数、ブログやフェイスブックの更新回数。更新しなければ、誰の目にも触れません。売れないといいながら、ブログの更新回数を上げないなら、ずっとそのままです。

結局結果を出す人は、「すぐやる」人です。なにがなんでも素直にすぐやる。そういう人に応援もしたくなりますから、ますます結果が早く出ます。

また、損得で動く人は、運気も上がってきません。こっちが得で、こっちが損。など、利益だったり、地位だったり、安定だったりで選ぶ人です。人もそんな基準で選ぶので、反対にあなたも利用されることになります。

本当に楽しいか、ワクワクするか、今は苦難でも未来は笑っているか。そんな選択をする人の方が飛躍します。まずは、一歩の勇気です。

あなたの出したエネルギーは、必ず返ってきます。焦ったり不安になったりと、マイナスのエネルギーを出していると、作品にも表れ、売れなくなります。

作家本人が楽しんで作品作りをしていることが大事です。

3章

お金の管理のしかたと必要書類の届出について

lesson 01

売り上げを管理しよう

数字の把握は売り上げを伸ばす努力につながります

● 売り上げ管理は仕事としての自覚が生まれる

売れていない時は、売り上げを見たくないと思ったりしたものです。現実が見えますからね。でも、キチンと書いて管理をすると、自覚が生まれてきます。

売り上げをつけるための専用の帳簿を用意しましょう。または、パソコンで管理できるソフトもあります。「やよいシリーズ」は、簿記知識がなくても、日付や金額などを入力するだけなので、お小遣い帳をつけるような感覚で簡単に青色申告に必要な複式簿記帳簿が自動作成できます。ちなみに、やよいの青色申告オンライン(クラウドアプリ・年会費必要)はパソコンにインストールする必要もありません。クラウドなのでバージョンアップ不要でいつでも最新版が使えます。

やよいの青色申告 16（デスクトップアプリ・有料）は、パソコンにインストールして使用します。帳簿でも伝票でも入力が可能で、消費税申告書が作成できたり機能がクラウドアプリより充実しています。それぞれ、サポートがついていますが、価格によってサポート内容が変わります。どちらが自分に向いているか考えて利用されるといいと思います。

● プライベートとわけましょう

お金の管理については専用の口座を作りましょう。プライベートなものと混ぜると管理が大変ですし、どれが売り上げかわからなくなります。支出があった時も、そこから出すようにすればお金の流れがわかりやすいですね。

口座間で、振り込みや送金が手数料なしでできる銀行もあります。管理のしやすい自分に合った銀行を選ぶといいでしょう。

銀行振込みは記帳されるので記録が残りますが、手渡しの収入もあるかと思います。その場合も帳簿に書くことを忘れないように心がけてください。

使いやすいもので管理しよう

〈帳簿をつける〉
ノートに書く

or

〈管理ソフト〉
パソコンで管理

専用の通帳を作ろう

入出金の一本化

売り上げ管理はやりやすいものでやり、専用の口座を作ってプライベートとはキチンとわけよう

Lesson 02

必要経費を管理しよう

案外見落としがち

● あれもこれも必要経費だったの？

必要経費とは、仕入れた材料費だけと思いがちですが、それだけではありません。材料を買いに行くために利用した交通機関（電車、バス、駐車場など）でかかった交通費も含まれます。あのお店にいいものがあるので遠くても仕入れに行くというのであれば、経費は多くかかります。それを作品に反映させていかなければいけません。

海外に買い付けに行く雑貨屋さんなどは、日本での販売ではかなり高い値段をつけていますよね。それは、交通費を上乗せしているからです。そうしないと採算が合いません。次回の買い付けに行けなくなると、お店は継続できませんね。

その必要経費を度外視する作家さんは多いです。それは、お店の運営にかかわるような重要なものではないからでしょう。でも、お金はかかっているので当然、支出になります。

私は全国にセミナーに行くので、交通費に加え宿泊代もかかってきます。遠方だとかなりの支出になります。それを無視して活動はできません。

● その日のうちに付けよう

とても細かいことかもしれませんが、その日のうちに計算をすれば忘れません。後でつけようと思っていたのに、長い期間つけていなかったとなると、とても大変になります。帳簿をつける時間を取ってみてくださいね。

どれだけかかったかという細かい金額の把握はとても大事です。

あなたの活動範囲が広くなるほど、経費はかかってきます。イベントで遠方に行った、個展や展示会開催に地方へ行ったなど、あなたが動いた分、経費はかかるということを頭に入れておいでくださいね。

あなたが動いた分が経費になります

バス
電車
宿泊
車
駐車料金
これらも作品代に入れるのを忘れずに
必要経費をキチンと計算し、売り上げをつけることも癖にしよう

lesson 03

材料の在庫管理をしよう

整理整頓を心がけて

● 見やすく管理がコツ

材料の在庫は把握しておきましょう。

私の場合は多くは布なので、棚に一目でわかるように整理して把握はしやすいようにしています。

保管の仕方は、キチンと整理されていることが大事です。乱雑に置いていたり、保管場所を決めないでバラバラだったりすると、いざ作ろうと思った時に探し回らないといけなくなり、時間の大きなロスになります。この管理をちゃんとされている人は、作品を作っても早いと思います。

● 管理は丁寧に

布などはキチンとたたんで置いておかないと、裁断のたびにアイロンかけの手間がかかります。置き方も一目瞭然にしておくことが大事です。私は、ハギレもきれいに伸ばして保管しています。作業効率を上げるためには、丁寧な管理方法を心がけてみてくださいね。はじめの少しの手間が、後々スムーズな作業に結びついてきます。いつも何かを探しているという方は、一度そのあたりを見直してみるといいですよ。

● 時折見直し処分しましょう

材料もずっと置いていれば、古くなります。流行があったり、サビが出るものもあるでしょう。もう作っていないものはないですか？　時々見直して処分をしましょう。まだ使えそうできれいだけど、もう使わないというものは、必要な方にゆずったり、安く販売するのもいいですね。私は以前、ときめかない布を大量処分しました。ときめかない布で作品を作ろうとは思いません。いつか使うだろうと、ためて置いておくと悪い「気」も出てきます。

在庫管理は、帳簿やパソコンで管理をすることと、定期的に目で見て確認をすることが大事です。

古いものは見直し、整理整頓が大切

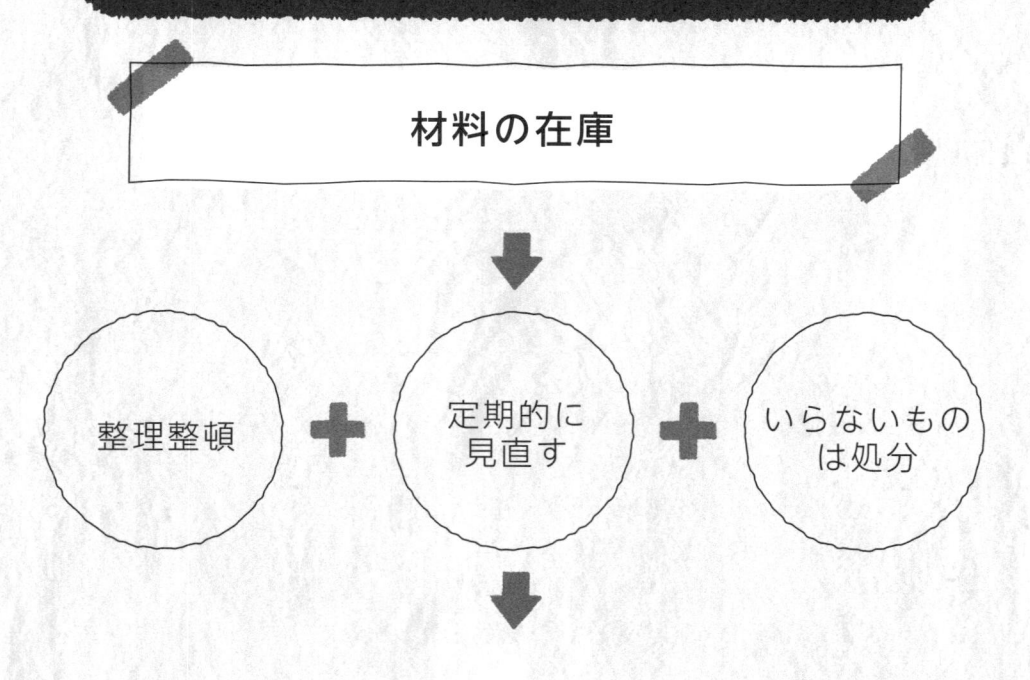

材料の在庫

↓

整理整頓 ＋ 定期的に見直す ＋ いらないものは処分

↓

作業がはかどる

もったいない、いつか使うと抱え込むと作業効率を下げてしまいます

材料の管理は整理整頓を心がけ、古い材料を時々見直し、ため込まないこと

Lesson 04

必要書類の届け出について

ハンドメイドを仕事にするなら必要なことです

● 開業届けを出そう

ハンドメイド作品の販売を仕事にするなら個人事業主となるので、開業後1ヶ月以内に「個人事業の開業届出書」を税務署に提出しましょう。届出書の用紙は、国税庁のホームページからダウンロードが可能で、直接税務署に持参するか郵送により提出することができます。また、1月1日（開業年度は、開業日）から12月31日までの1年間に一定以上の所得（売り上げから経費を引いた利益のこと）がある場合には、翌年の2月16日から3月15日までに確定申告書を税務署に提出して所得税を納めることになります。

● ルールにしたがって帳簿をつけよう

確定申告には「白色申告」と「青色申告」の2種類があります。「青色申告」を選んだほうが最高65万円の青色申告特別控除が受けられるほか、色々な優遇措置があるので節税効果が大きくなります。その反面で、決まった簿記のルールにしたがって経理帳簿をつけ、決算書を作成することが義務づけられています。簡単な簿記による記帳が認められている「白色申告」に比べハードルが高いと思いがちですが、市販の会計ソフトを利用すれば、日々の収入と支出を入力するだけで申告に必要な書類を作成することができます。事業が拡大し節税が必要となった場合にそなえて、最初から準備しておくのもいいかもしれません。

なお、青色申告をするためには、「青色申告承認申請書」を開業日から原則2ヶ月以内に税務署に提出しなければなりません。提出が遅れた場合、その年は白色申告での申告になってしまうこともあるので注意が必要です。開業届と同時に提出するのもひとつの方法です。

ハンドメイドを趣味ではなく仕事にしたいと思うなら、この一歩からはじめましょう。

開業届や確定申告って何？

開業届

個人と仕事のお金の流れを分けて管理したい、といったときには、屋号付き通帳と個人用の通帳にわけて管理することで非常にわかりやすくすることができます。屋号付き口座の開設の際には、銀行によって差はありますが、開業届が必要となる場合が多いようです。

確定申告

確定申告をして所得税を納付した場合には、所得税の他に「住民税」や「国民健康保険税」などの税金を支払う必要が出てくるので、税金の仕組みをしっかり理解しておきましょう。

開業に必要な書類をそろえて提出。帳簿付けも意外と簡単にできる

Lesson 05

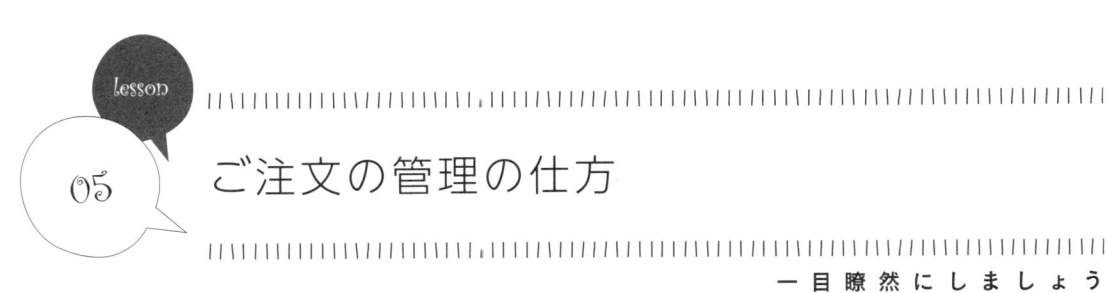

ご注文の管理の仕方

一目瞭然にしましょう

● ノートで管理

お客様からのご注文は、ネット販売が主になってくると、パソコンやスマホで管理するようになります。でも、いざ注文品を作ろうと思った時に、パソコンを開いたりスマホをいちいち見たりしないといけません。

パッと見てわかるのが、ノートです。とてもアナログな方法ですが、洋服の場合はサイズやデザインを把握しておかなければいけません。どなたのご注文で、どんなデザインで、肩幅、袖丈、総丈などは何センチなのか、パソコンに記載するほうが面倒なので、私はノートを活用しています。

洋服のサイズなどはお客様とのメールのやり取りで決めていくので、ノートで管理すると確認がしやすいです。また、お申し込みの順番に書き込むので、どなたから作っていけばいいのかわかりやすいのです。

● ご注文の混乱を防ごう

以前、「たくさんのネットショップに作品を出しているので、どの方が先だったかわからなくなります」とのご相談がありました。ご注文が入るたびにノートをつけると、順番に書いていくわけですから前後することもありませんね。あってはいけませんが、お約束の期限が過ぎてしまったり、忘れたりすることもなくなります。

ご注文が立て込んでくると、ノートを開ける手間をなくすために、すべてメモ書きにします。ミシンの前はメモだらけになりますけど。

そうやって、ご注文が混乱しないように工夫をしています。同じもののご注文は特に混乱しやすいので、どうすれば一番わかりやすいか、自分なりのやり方を見つけてくださいね。

ノートで管理する方法をフェイスブックでシェアしたら、多くのお友達がノート管理に切りかえていましたよ。

ノートをフルに活用

受付日	ご注文作品の詳細	お名前	ご住所	振込先	発送方法
12/20	洗えるフォーマル				

注文受付日やご注文の詳細を記載していると製作順などもノートを開けると一目でわかる。ちょっとしたお客様とのやり取りの内容もメモしておくと後で役立ちますよ。

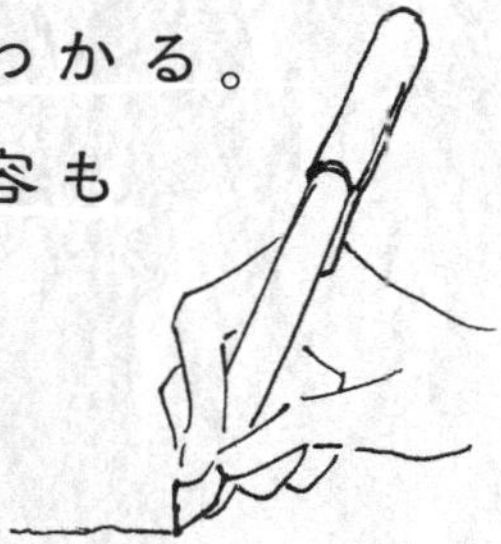

ご注文の管理はノートにひとまとめにすると仕事がはかどる。忙しくなってきたらメモ書きにして貼っておく

Lesson 06

自分の時給を計算してみよう

1つの作品にどれだけの時間がかかっていますか？

● 製作時間も作品に反映

あなたの作品の製作時間は、どれくらいですか？

作品の値段には、自分の働いた分の時給も反映させなければいけません。経費に続き、時給はあなたの労力として作品の価格の一部になります。

自分の時給は、いったいいくらにすればいいのでしょうか？　基準となるものは、厚生労働省が出している地域別最低賃金です。全国平均は798円（平成27年10月現在）で、地域によっては100円以上の差があります。参考にしてみてくださいね。

こんなに厳密に考えたことがないかもしれませんが、ただ働きでは続けていくのが難しくなります。パートなら働いた分の時給をいただくだけですが、ハンドメイド作家はそれにプラスして材料費や経費もかかってくるということを忘れないでください。

● あなたが使った時間もとっても大事

計算をしてみて時給が出ていない状況であれば、仕入れや販売方法、価格設定を見直す必要があります。

こうやって様々なことが見えてくると、自分の作品を安売りしてはいけないと思いますよね。作品を大切に思う気持ちと、時間と心をこめて作っているという自覚が生まれてきます。

だんだん、適正価格の考え方が見えてきたのではないでしょうか。実際、作家さんのコンサルをしていると、他の人や同じようなものと比べて自分の作品の価格を決めている方が多いですが、こうやって計算してみると、赤字になっているか、時給100円くらいになってしまうケースがみられます。それが、わかってしまったら急にやる気も失せてしまいますね。ただ、お客様に喜んでいただければいいという考え方では仕事にはなりません。

製作時間は同じではない

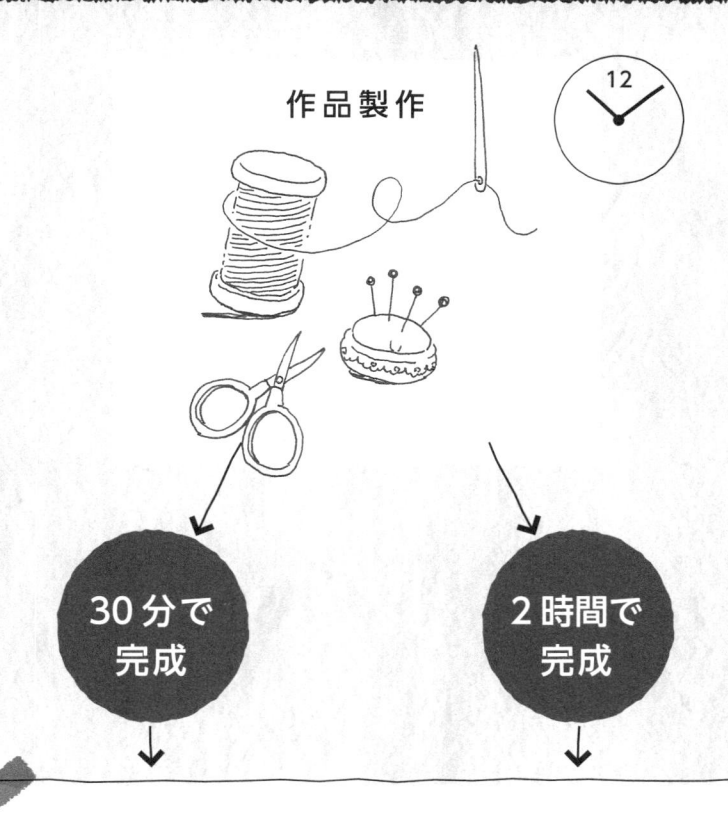

作品製作

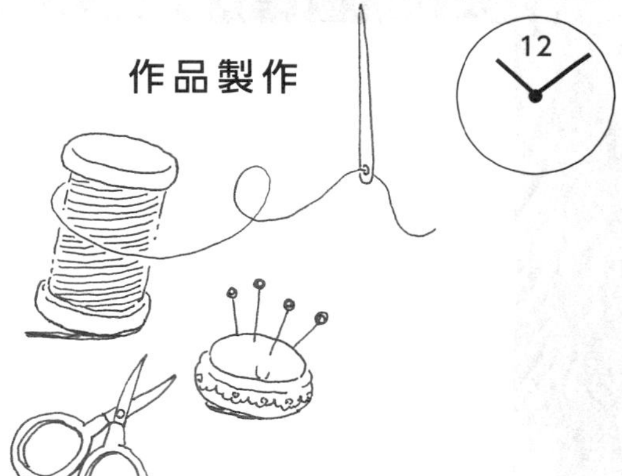

30分で完成

2時間で完成

似た作品でも、同じ値段ではない

あなたの働いた時間を忘れずに

作品の価格には時給を反映させよう。作品には時間と気持ちをこめているコトを忘れずに

Column

売れたいと思っている間は売れない

思考は現実化するといわれています。あなたは何を目標に作家をしていますか？

「お金」（売り上げ）のことばかり考えていていますか？　そんな考えの時は、お金は一向に入ってきません。「お金が欲しい（売り上げを上げたい）」と思っている間は、売れないのです。

「売れたい」と思っているのは「ないから欲しい」という思考です。ないが、前提なので、ないから欲しい人にしかならないのです。あれば、欲しいなんて思いませんよね。

それは、売れたいと思っている間は売れないということになります。

とても不思議な話なのですが、私も「売りたい」「売れたい」と思っているとそこそこしか売れず、売れても売れなくてもいいや、お客様に喜んでもらえるように精一杯がんばろうと思って実行すると、とっても売れたのです。

ハンドメイドセミナーも作家さんの役に立てばいいなと思って精一杯作りました。目標は全国開催です。行きたい場所も宣言しましたら、ほとんど叶いました。

自分の利益ばかりを優先して考えていると、下心が出てきます。それは、人に伝わるものです。

今、売り上げが欲しいなら、まず自分に何ができるかを考えて、それにベストを尽くしてみてください。自分から与えることが大事です。くれくれ星人とよく言いますが、欲しい欲しいといっているうちは結局なにも得られないってコトです。

お金がなくても幸せという思考なら、幸せに幸せがよってきます。

考え方ひとつですね。

4章

作品のイメージを確立するための考えかた

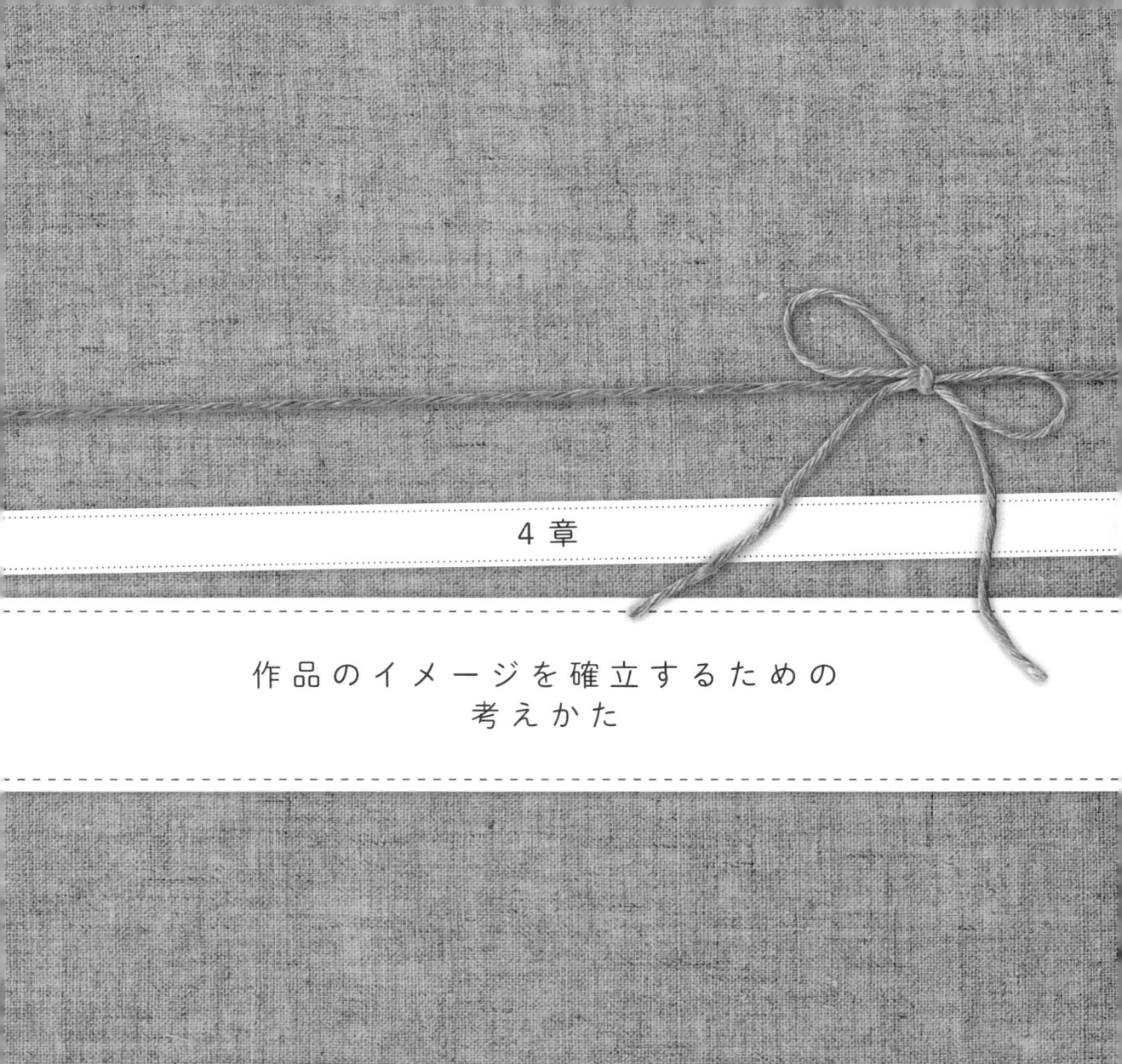

Lesson 01

コンセプトがずれるとお客様は迷う

あなたの世界観とは？

● 一貫性が大事

あなたは、どんなコンセプトを持って作品を作っていますか？　かわいい系、かっこいい系、ポップ、シック、ナチュラルなど、いろんなテイストがありますが、自分がどんなテイストで製作しているか定まっていないと、お客様は迷います。ナチュラルなテイストかと思えば、今度は白黒などのシックなテイストの作品を出していると、お客様は作家の路線がわからなくなり、ナチュラルだと思っていたのに違うの？ と、次回からは買ってくれなくなるでしょう。好きな布があったらそれで作るという作家さんもいますが、それに一貫性がなければお客様はその場かぎりになってしまい、リピーターさんにはなりません。

いったい何が好きで、どんな路線でいきたいのか。あなたが迷えば、お客様は離れていきます。あなたがどうしたいのか、ハッキリと決めることが大事です。

● 色々やると結局損をする

もし、いろんなテイストで作っているのなら、ブランド分けもひとつの手法でしょう。でも、作家のコンセプトは定着しにくいので、覚えてもらうには時間がかかります。それがいくつもに分かれていると、なおさらです。

作品のコンセプトはひとつに統一し、自分の世界観を存分に出していきましょう。それを作品に表していくのが、作家です。

もちろん、年齢とともに変わってくるところもあります。作家の年齢が上がると、お客様の年齢も上がってきます。40代になっているのに、いつまでも20代のころと変わらぬ作品を作っていても売れませんね。ですが、軸となるものは大きく変わらないと思います。コンセプトはコロコロ変えるものではなく、あなたの世界観を大事にして、作品作りをしていきましょう。

イメージを確立

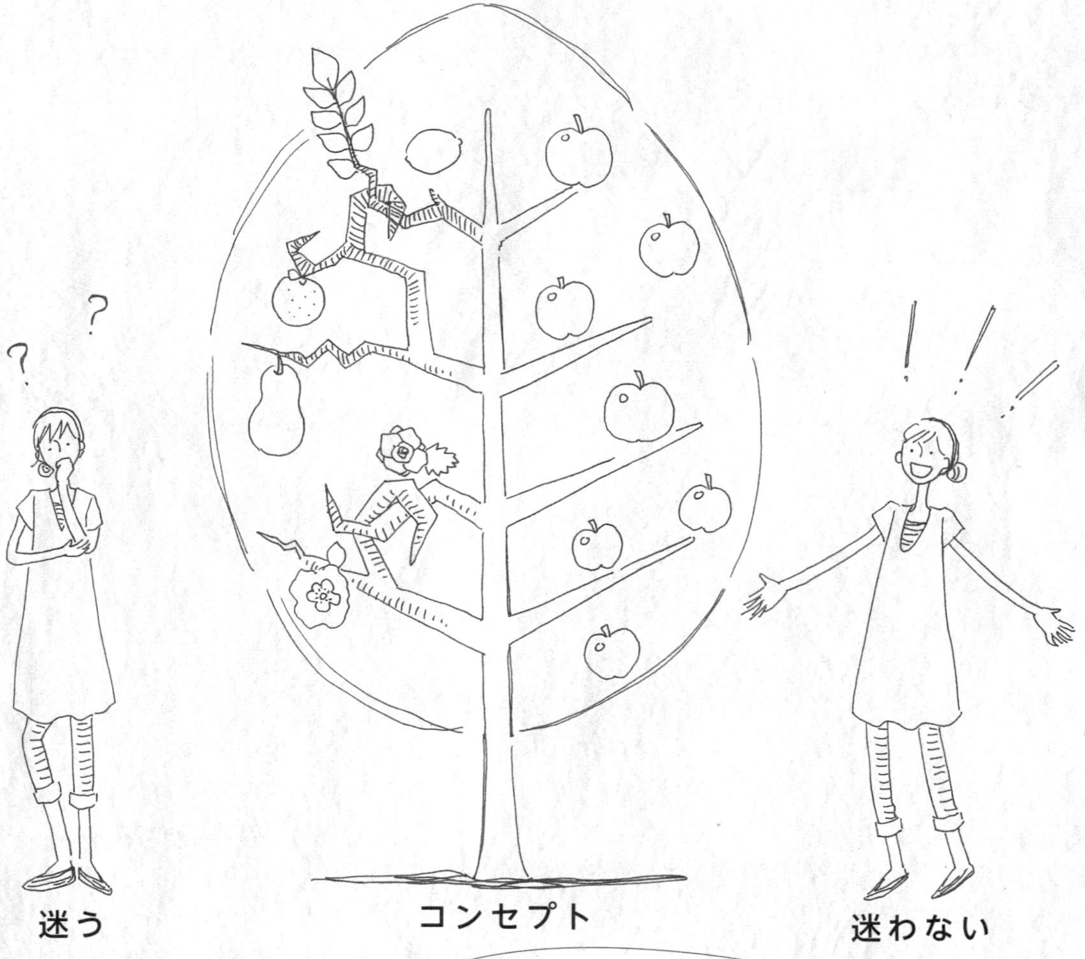

あなたの世界観を
ハッキリさせよう

作品に一貫性がなければ
リピーターにはならない。
あなたの世界観がブレない
ようにすることが大事

Lesson 02

何かの専門家になる

○○さんといえば、コレと思われましょう

● 何でも屋さんにならないこと

ハンドメイド作家さんは、器用だから何か作ってみようというのが出発点になっている方が多いように思います。ですので、案外なんでも作れてしまいます。あれこれいろんなアイテムを作ってしまい、なんでも屋さんになりやすいのです。

コンセプトやテイストが統一されていても、がま口を作ったり、ポシェットを作ったり、ペットボトルカバーを作ったりと、手広くやってしまいます。お客様にちょっとずつでもいいので買ってもらいたい、少しでも売り上げにしたいという気持ちはわかります。ですが、手を広げると在庫管理も大変ですし、何屋さんなのかお客様にわかってもらえません。色々作ることで売り上げが少し伸びても、それはなんの得にもならないように思います。

● 何を作っているか一言で言えますか？

例えば、ベビー用品を作っているとしましょう。スタイ、ガーゼハンカチ、おくるみなどは必須ですね。オーガニック素材ですべて作っているとしたら一貫性があるので、ベビー関連のアイテムを多種作ってもお客様はお肌にやさしいベビー用品屋さんと理解してくださいます。

「なんでも作ります」ではなく「これを作っています」という専門家になると、お客様はあなたを目指して買いに来てくださいます。

ここに行けばこんなのがあるとお客様に定着し、わかってもらえていることが販売には大事です。「○○さんといえば、コレ」「コレといえば、○○さん」といわれるようになると、○○の専門家としてあなたのイメージは定着し、リピーターさんになってくださるでしょう。

あなたが何屋さんに見られているか、客観的に見るようにしてみてください。あなたの人気作品は何か考えて、それに絞っていくこともオススメです。

何屋さんですか？

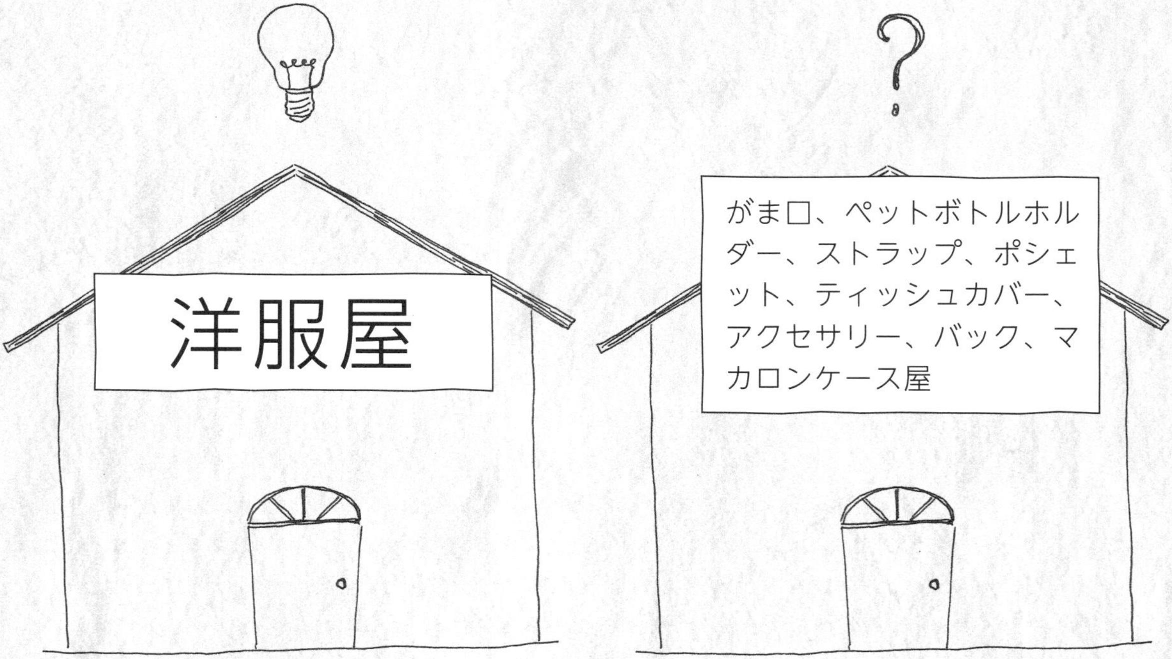
洋服屋
がま口、ペットボトルホルダー、ストラップ、ポシェット、ティッシュカバー、アクセサリー、バック、マカロンケース屋

何かの専門家になろう

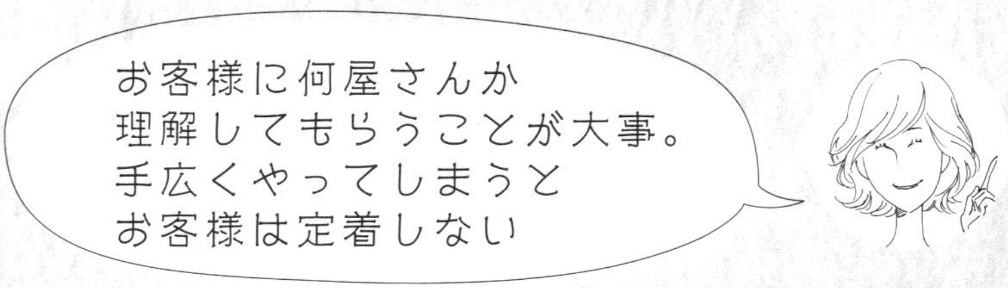
お客様に何屋さんか理解してもらうことが大事。手広くやってしまうとお客様は定着しない

lesson 03

物語がある

どんな想いで作品を作っているか

● 背景が見える作品は共感されやすい

作品を作るきっかけになった出来事はありませんか？

子供の肌が弱いのでガーゼの洋服を作って着せていたら、作ってほしいといわれたのがきっかけで作家になった。

また、ある陶芸家の作品が、子供の姿の置物ばかりだったのでお話を聞いたところ、お子様が重度の障害をお持ちで、ご自分の子供をモチーフに陶芸をしていたら話題になり、作家になったというエピソードもあります。

みなさん、きっかけや想いがあって作家をはじめられるように思います。

● 実体験からくる作品作り

私は肌がとても弱く、毛糸のマフラーで首がかゆくなってしまいます。そこで自分用にと、毛糸と裂いた布で汗も吸ってくれてお肌にやさしいマフラーを手織りしたところ、ものすごい勢いで売れたことがあります。それは、自分の実体験があったのと、こうすれば改善できるだろうと思って作ったものだったので、肌の弱い方にはとても重宝されたのです。しかも小さくて軽いので、カバンに入れてもかさばらず、おうちで手洗いもできます。

実用性のあるものは、アイデアがあればいくらでもできると思います。でもそれに、作家の実体験や想いがプラスされると、その作品にまた違った魅力を感じるようになるのです。

● 作品への想いを語ろう

男性は、いいものは教えたくないと独り占めしたくなるそうです。女性は共感する生き物なので、「わかる、私もそう思う」などと同じ気持ちになると仲良くなったり、一体感が生まれます。誰かが使っていて、いいとすすめられると欲しくなったりするのです。なので、作品への想いなどをお客様に伝えることも大事です。あなたの想いを語ってみましょう。

どんなキッカケがあって手作りをはじめたのか語ろう

作ったキッカケや
あなたの想いを
語りましょう

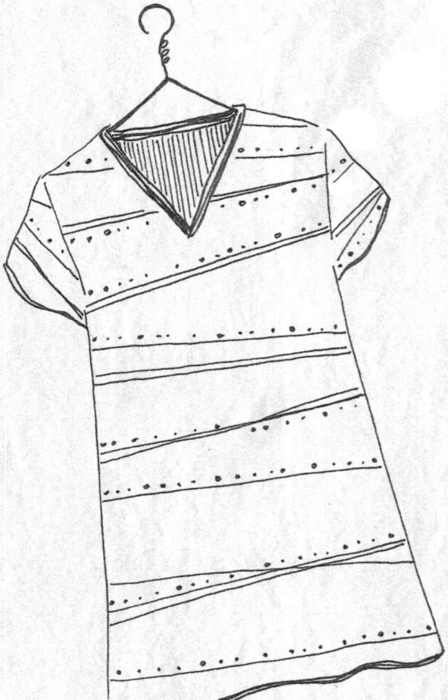

女性は共感すると欲しくなる生き物

作品づくりのきっかけになったコトを語ろう。同じ思いの人に響くと作品の魅力は増す

lesson 04

あなたのこだわりはなんですか

人と違うあなたの作品の特徴

● あなたの作品の売りはなんでしょう

ものは同じでも、あなたならではのこだわりを持って作品を作っていると思います。

ビンテージやオーガニック、手織りの布などを使っている、作り方もここが人とは違う、縫い方も工夫をしているなどです。

アクセサリーでは、他の方が一重のところを二重にしているので切れにくい。がま口は金具と本体が外れやすいので、縫い止めにしているなど、みなさん作家としてのこだわりを持って作品作りをされていますよね。

私は、天然素材のリネンにこだわって作っています。今、リネンは少なくなってきています。日本の業者さんがどんどん廃番にしているので、同じ布が数ヶ月後にはなかったりします。そのせいか、リネンの洋服も作る作家さんが減っているように思います。

● お客様に選ばれる作家になるためには

作家ならではのこだわりは、お客様にとっては特別感になります。ここは違う、ここは負けない。そんなこだわりを持って作っていますか？　ただきれいに仕上がっていたらいいというものなら、誰にでも作れるかもしれません。あなたが作るから違うんだと思ってもらえることが大事です。それが作品の個性になり、他にはないと思われるのです。

同じものを売っていても、こだわりに自信を持っていれば、お客様はあなたを選んでくださると思います。あなた独自の工夫で、壊れにくかったり、使いやすかったりすることは、十分購入する動機になります。それは、リピートにもつながり、信用もされます。自分では当たり前にやっていることが、当たり前ではなかったりします。今一度、自分のこだわりを考えてみてください。選ばれる作家になるためにも、自分のこだわりに自信を持ちましょう。

作品に特別感を持ってもらおう

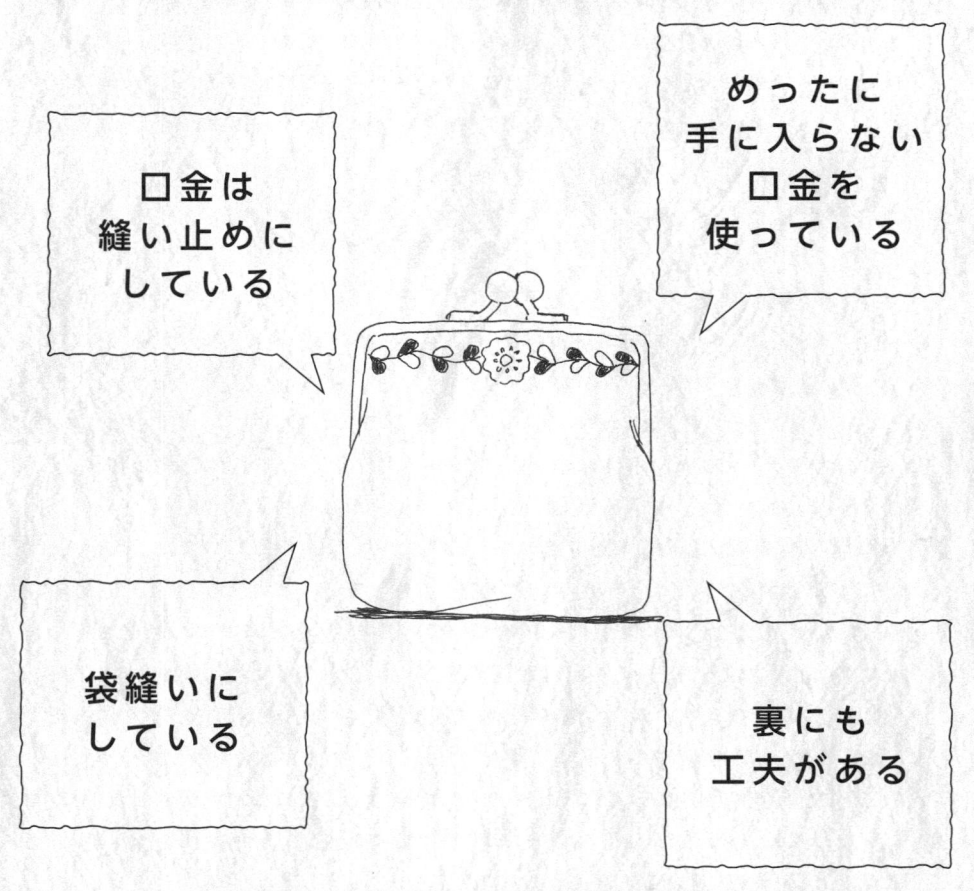

口金は
縫い止めに
している

めったに
手に入らない
口金を
使っている

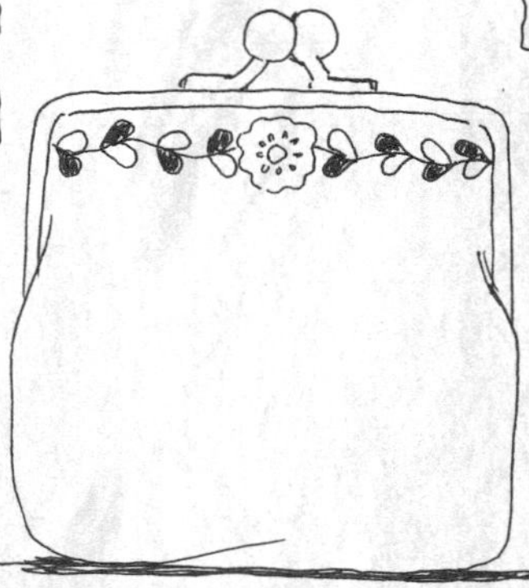

袋縫いに
している

裏にも
工夫がある

こだわりは作品の個性になる

あなたが作るから好きなんだと思われることが大事。なにげなくしていることも、お客様にとっては特別感になる

lesson 05

自分のいいところを見つけよう

あなたの強みを活かしましょう

● できるだけたくさん書いてみましょう

自分のいいところをたくさん書けますか？　A4の紙に2枚くらい書けるでしょうか。

日本人は、自分をほめるのが苦手です。自分をアピールするのも得意ではありませんね。自慢をするわけではないのに、できないという方が多いです。

ここで、ワークをしていただきたいのです。他の人は大変そうにしているけど、あなたは簡単にできることや、よくほめられること、あなたに対して興味を持たれるところを書き出してみてください。子供のころからの記憶をたどってみましょう。それは、あなたの強みになります。

● 何が苦手で何が得意か把握しよう

強みとは、あなたが当たり前にできることで、他人にすごいといわれることです。例えば、絵が人よりうまく描けたり、手先が器用、計算が早い、足が速い、根気がある、人前でも緊張しないなど。また、年齢より若く見える、肌がきれいなどでしたら、美容系のお仕事をされると苦労せずに強みを活かしていけますね。

これが、不器用なのに作るのが好きというだけでハンドメイド作家になると、うまくいかないでしょう。人前で緊張するのに、セミナー講師などすんなりできません。ハンドメイド作家さんで人との交流が苦手という方もいます。イベントでの接客が苦痛と感じるなら、ネット販売に力を入れるといいのではないでしょうか。何が得意で、何が苦手なのかを理解していると、活動方法や販売方法が見えてきますね。あなたの強みを活かした仕事をすれば、楽にできますから、うまくお仕事が回ってきます。

なんだか、進まないしんどいなと思うことは、向いていないのかもしれませんよ。

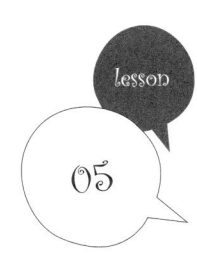

いつもうまくいくコト・人からよくほめられるコト

例）
・パソコンが得意
・美肌
・計算が早い
・器用
・明るい

あなたにも人よりできるコトがあるはず

あなたのいいところを書き出して自分を認めてあげ、得手不得手を把握し得手を使って楽に仕事をしよう

lesson 06

誰が作っているのかわかるようにしよう

本名や顔出しは信用につながります

● 生産者が分らないものは不安

私が、作家として活動をはじめたころに、ようやく携帯電話が一般に普及しはじめました。しかも、一般人の顔出しなんてもってのほか、ありえない時代でした。私がブログをはじめた8年前も、プロフィール写真を自分の顔にしている人はほぼいませんでした。フェイスブックの登場で、本名や顔出しにようやく慣れてきたように思います。

今やスーパーの野菜にも、生産者の住所や顔写真が載っていますね。

ハンドメイド作家さんは、作品さえ出していればいいと考えている方が多いです。プロフィール写真も自分の作品にしている方が多く、顔出しへの抵抗が強いようです。

でも、どうでしょうか。あなたが何かを買う時やサービスを受ける時に、顔も出ていない本名もわからない人からものを買いたいと思いますか？　高額商品ならなおさらです。お客様は、お申し込みの時に住所と氏名をあなたに開示するわけです。でも、買っていただく側のあなたが先に開示をしていないのは、おかしいと思いませんか？

● 顔出しは仕事として信頼される

本名と顔出しは信用につながります。出していないと信用されにくいですね。顔出しすると、怖い目に遭うのではないか、人に色々いわれるのでできない、とのご相談も受けますが、あなたが顔を出したことで世間のウワサになるほどの有名人なのでしょうか？　あなたのことをそこまで気にしていないと思います。自信があるから出すのでしょう？　と私も嫌味をいわれたことがあります。でも、そんな嫌味をいう人はお客様にはならないので気にしないことですね。お仕事はお客様としますので。

お仕事として覚悟を決めたなら出しましょう。

○○さんの作品といわれるようになろう

親近感
安心感
私が
作っています
信頼

安心して
買っていただき
ましょう

顔出しなどはお客様に安心していただくため、信用を得るためには自己開示をしよう

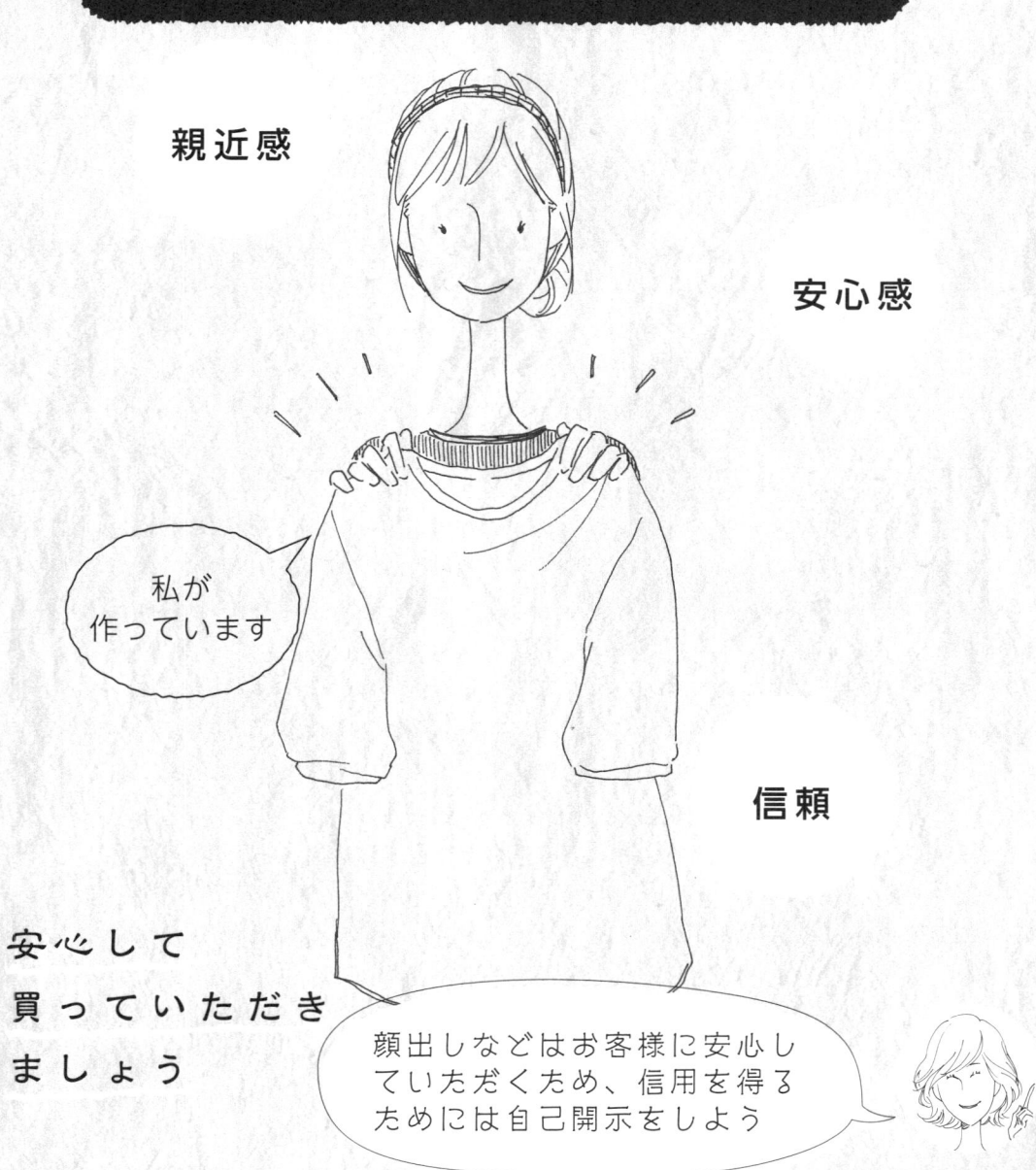

lesson 07

ブランド名の考え方

お客様に覚えてもらえますか？

● 検索しやすいですか？

ブランド名は屋号ともいいますが、ハンドメイド作家さんは活動開始とともにほとんどの方がつけていますね。作家として活動するにあたって、熟考した上でのネーミングなのではないでしょうか。

自分に関連すること（お誕生日、イニシャルなど）を入れたり、英語やフランス語の響きのいい単語を使ったり、かなり思い入れがありますよね。

でも実は、思い入れがあるのは作家本人だけで、お客様にはなかなか浸透しないのです。ましてや、英語やフランス語では読めないのです。ネームカードなどで検索してくれるだろうというのは甘い考えで、ローマ字での検索はほぼされません。

あなたが海外ブランドの検索をする時、まずカナで入力しませんか？　お客様も同じで、検索するとしたらカナ入力されると思います。ブランド名の読み方が不明だと、検索に引っかからないのです。英語やフランス語なら、ネームカードだけでなく、ブログやフェイスブックページなどにもフリガナをつけておくといいですよ。

● ブランド名は、なかなか覚えてもらえない

私は活動当初、「.A.ROOM.」というブランド名をつけていました。「エールーム」と読むのですが、誰も読めないし覚えてもらえないという悲しい結果でした。浸透も全くしませんでした。イベントなどの参加者一覧表を見ても、ほとんどの方がローマ字のブランド名をつけています。ここに日本語があったら目立つ！ 日本人だし日本語にしようと思い立って、現在の「衣更月（きさらぎ）」に改名しました。それでもやはり覚えてもらうのは難しい。ですので、私はブランド名ではなく、本名で覚えてもらえるように活動しています。ブランド名は、その後についてきますので。

あなたのブランド名は読めますか？

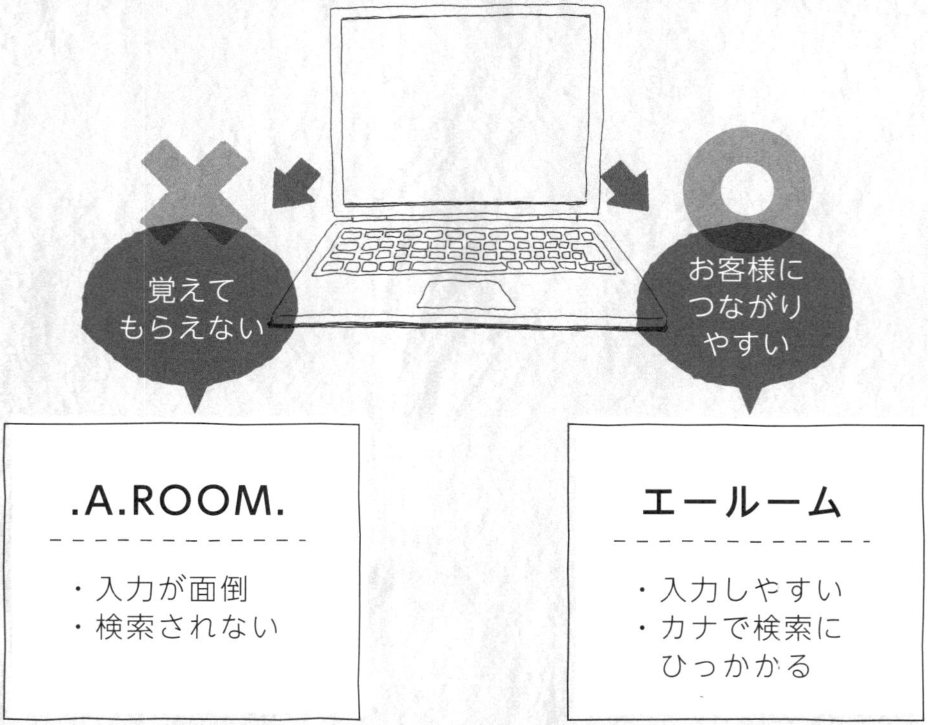
覚えて
もらえない
お客様に
つながり
やすい
.A.ROOM.
・入力が面倒
・検索されない
エールーム
・入力しやすい
・カナで検索に
ひっかかる

思い入れがあるかもしれませんが
ブランド名押しでいくと損する場合も

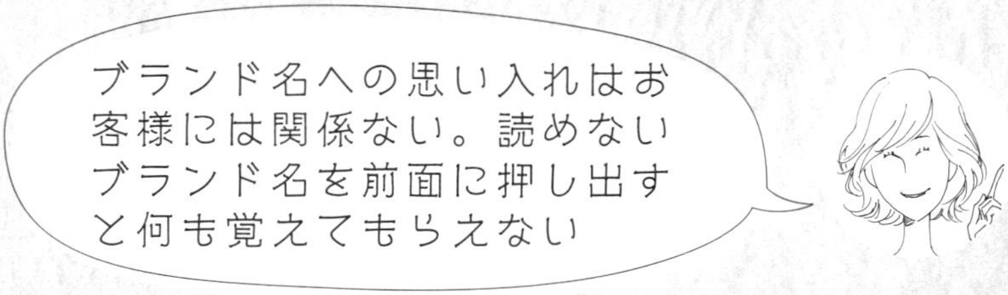
ブランド名への思い入れはお
客様には関係ない。読めない
ブランド名を前面に押し出す
と何も覚えてもらえない

Column

自分をそこまで開示しないといけないの？

顔出しの大事さ、信用につながるというお話をしましたが、本当にそこまで必要なの？　と思った作家さんもいたのではないでしょうか。

私は、お客様目線で常に物事を考えています。顔を出していないことでお客様がどう思うかです。

以前、顔出しをしたことでどんなことが起きたのか作家さんにアンケートを取り、記事にしたことがあります。このような結果でした。

・顔がわかっていると、知り合いみたいに感じてもらえた
・顔が見えているので、初対面なのに親近感がわく
・友達にすぐなれる
・人脈が広がって接客が楽に
・話が早い

みなさん得なことばかりだったようです。

顔が見えないと、作品だけで勝負することになります。顔出しをはじめ、自分のことを開示していくことで、作家の魅力が見えてきます。そこを含んだトータルが、作品の魅力になるのではないかと思うのです。

私も顔を出し、色んな人に会ってきました。今や名乗らなくても「どこかで見たことある」「あ、中尾さん」と言われるようになり、認知が広がりました。

私自身も驚いたのが、3人のセミナー講師を招致して開催するセミナーの主催と、告知文と集客担当を任された時、140人の方にお申し込みをいただきました。それは、コツコツ人に会ってきたおかげだったんです。出会った方は、みなさん協力してくださいました。

顔を出す、人に会う大切さを実感した出来事でした。

5章

作家としての
認知の広げ方と見せかた

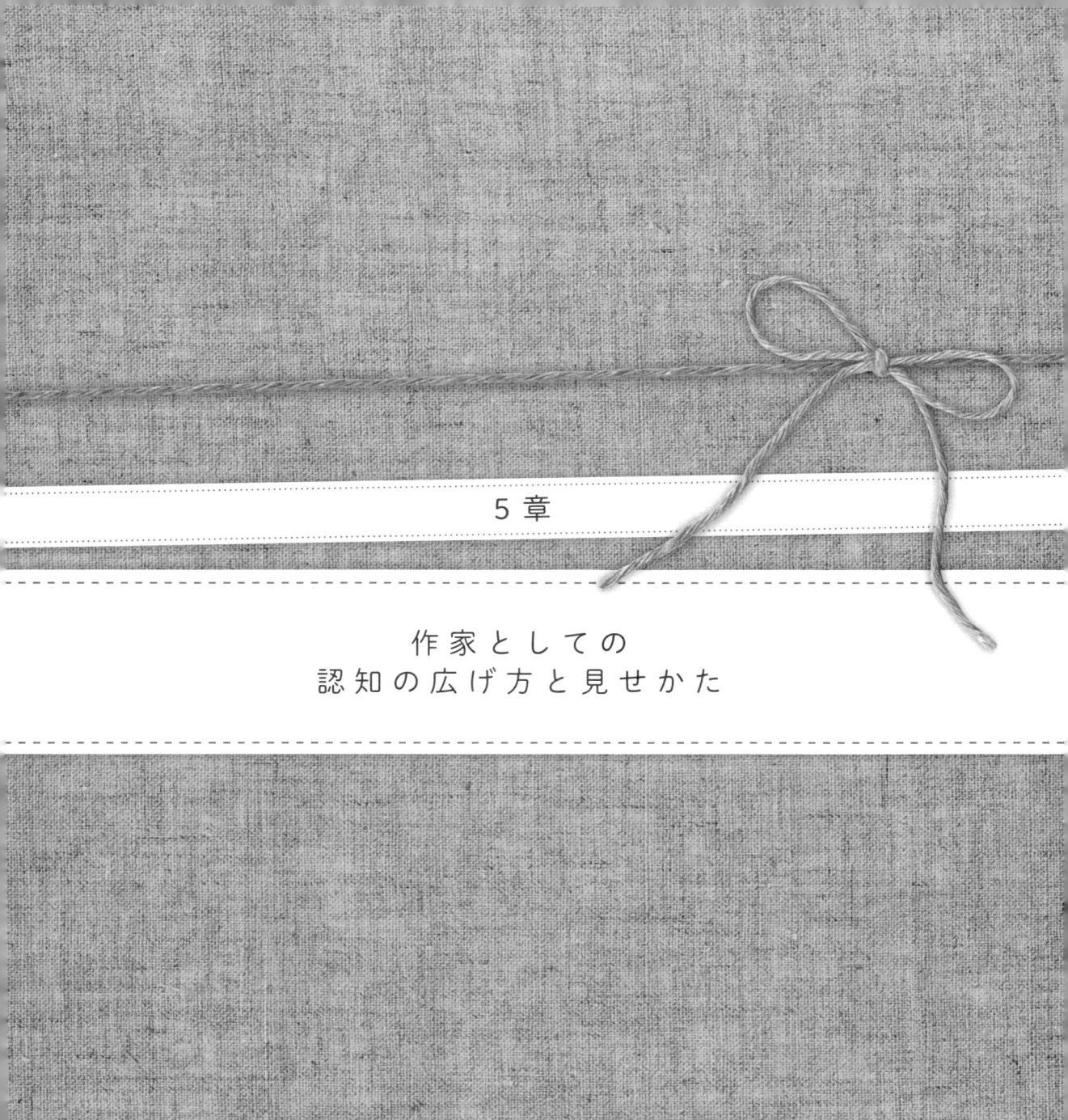

lesson 01

売れていくにはどうすれば？

あなたを知ってもらおう

● 苦手な事も仕事として努力しましょう

そもそも、知ってもらえなければ売れません。売れない理由の大半は、知られていないからです。では、知ってもらうにはどのようなことをすればいいのでしょう。

まずは、ブログやフェイスブックなどのツールをフルに使うことです。発信をするものがある現代、面倒だから、機械が苦手だからといって使わないのはもったいないです。苦手なことも仕事なので、やらなくてはいけません。苦手なことも2,000時間かかわると、誰でも慣れるといわれています。

● コツコツ更新しましょう

ブログをはじめたら、毎日コンスタントに更新しましょう。書いたり書かなかったり、気ままに発信していると読者さんは見に来なくなります。どのくらいの頻度で更新しているかも重要です。ブログは、1日最低1記事ですが、できれば3記事は書くようにするといいでしょう。1日1記事でいいという方もいますが、それは売れてからの話です。売れるまでは、目に触れる機会を多くする意味でも、記事は数回出すようにしてみてくださいね。

● フェイスブックもしっかり活用

ブログを書けば、必ずフェイスブックへもリンクを張ってください。フェイスブックを使うことで拡散力も格段に上がるので、習慣にしてくださいね。

フェイスブックには、手軽に写真や記事を投稿できます。ブログリンクとは別に日々のちょっとした日記を書いたり、プライベートなことを書いてみたり、ブログより軽い記事を投稿してみましょう。5記事くらい投稿するといいですね。ブログのリンクばかりだと売り込み色が強くなるので、リンクが並ばないようにしてください。私のブログは、フェイスブックから1日1,000くらいのアクセスが流れてきます。連携は必須ですね。

発信は多いほど目に触れる確率が増えます

ツイッター

ホームページ

ブログ

あなた

インスタグラム

フェイスブック

毎日、コツコツ更新

売れるには知ってもらえることをやろう。フェイスブックやブログなどのツールをフルに使おう

lesson 02

あなたの見せ方

人にどう見られるかを考えよう

● イメージが大事

ハンドメイドを仕事にしていこうと思った時点から、あなたのイメージ作りを頭に入れておきましょう。見る人は、まずイメージでものを買います。

あなたがナチュラル系のものを作っていれば、食べるものもオーガニックが好きで、メイクも薄く、健康的な生活をしているイメージを人は持ちます。

それが、ジャンクフードばかり食べていて、メイクは濃く、お酒とタバコが大好きというような情報を発信すると、ナチュラルなあなたのイメージは崩れます。それだけではなく、作っているものに説得力がなくなりますね。

● 出すもの出さないものを考えましょう。

人は勝手にイメージをふくらませるので、それを裏切らない発信を心がけると、あなたのイメージはますます確立されていきます。たまのギャップはもちろんいいですよ。でも、毎回イメージと違う発信をしてしまうと、マイナスになります。人からどんなイメージで見られているか、よく考えてみてください。

人からどう見られているのか知りたい時は、コメントの入れやすいフェイスブックに投稿して、お友達に聞いてみるのもいいでしょう。

もちろん、こんなイメージに見られないといけない、と無理に作る必要はありません。あなたではなくなってしまいますからね。出すものと出さないものを考えるだけで大丈夫です。すべて見せてしまうのも良し悪しです。なので、あまりにもイメージが崩れるものは、出すのをちょっと考えてみましょう。

素敵に見られたいという気持ちってあると思います。そう考えて行動すると、こんな一面もあったのかと思ったり、素敵に変わっていく方もいますので、見せる見せないも考えつつ、自分を出していくようにしましょう。

イメージに合うものを発信

どんな人なんだろう
何が好きなのかな
どんな日常なのか
いつも何を食べているのかな
どんなコトに興味があるのかな
休みの日は何してるのかな

お客様にあなたのイメージを印象づけよう

作品のイメージに合うことを発信し、あなたがどう見られているか考え、出すもの出さないものを選ぼう

Lesson 03

作家の名刺はこんなのを作ろう

営業ではなく作家の名刺だということを忘れないで

● 作家のイメージが伝わるものにしよう

作家さんの名刺は、作家のイメージが出ていることが大事だと思っています。名刺は知ってもらうためのツールのひとつですが、たまに作家さんの良さが出ていない名刺に出会います。

まるで会社の営業さんのような名刺です。四角のわくの中に顔写真が載っているのは、いい名刺だとはあまり思いません。作家さんは、営業マンではなくクリエーターです。

作家は、イメージでお客様に覚えてもらったり、コンセプトをわかってもらうことが大事です。まったくイメージの違う名刺をもらっても、おしゃれなものを作っている人だと想像できません。

作るなら、おしゃれなあなたのイメージが伝わるような名刺にしましょう。

● 作品同様センスが問われます

また、こんな名刺も改善したほうがいいでしょう。ローマ字の名前（スッと読めません）、ペラペラの用紙（自分の価値を下げているようなものです。安いものしか売っていないと思われても仕方がないです）、二つ折り（営業マンのような感じがします）。名刺にも、あなたのセンスが表れます。作家としての名刺を作ってみてくださいね。

私は、ブランド名と本名、ブログアドレス、メールアドレス、どんなことをしているか、何屋さんかわかるようなブランドカードを、名刺とは別に作っています。普段の交流ではこのカードを使うといいですよ。名刺には、住所や電話番号などが記載されていますので、誰も彼もとやたら渡さないで、わけるのが無難でしょう。こんなことをいっては身もフタもないのですが、売れている人は名刺を持っていません。知られているので、渡す必要がないのです。そうなりたいものですね。

あなたのイメージが伝わるデザインにしよう

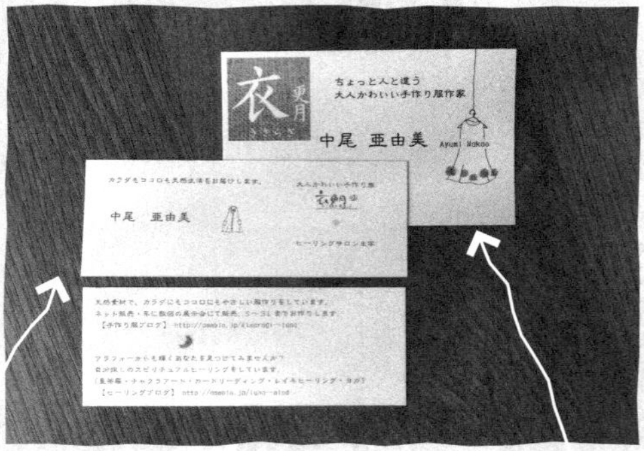

ブランドカード

- 名前
- メールアドレス
- ホームページアドレス
- やっているコト

名刺

- 屋号
- 名前
- 住所
- 電話番号
- メールアドレス
- ホームページアドレス

お茶会や交流会はブランドカード。
リアルに連絡をとり合う相手には名刺
というふうに使い分けましょう

名刺のセンスが悪ければイメージダウンになります。作っている作品のイメージが伝わるものにしよう。

lesson 04

人に積極的に会いましょう

交流会は闇雲に行かない

● リアルに会うと親しみがわく

知ってもらえなければ売れないので、SNS をしっかり使いましょうとお話ししました。SNS 以外では、人に会うという行動が知ってもらえるきっかけになります。

ランチ会やお茶会は、今やあちこちで開催されています。そういう集まりに積極的に参加してみてください。

私は以前、1ヶ月に 100 人に会うということを、ほぼ 1 年間してきました。100 人に会えば 1 人くらいはお友達になれるだろうと思ったからです。営業に行くというより、お隣になった方とお友達になれればいいな、そんな気持ちでした。リアルに会うと、フェイスブックのお友達申請もしやすいです。また会うことで、だいたいの人となりがわかるので、販売にもつながりやすいです。同じ商品でも会った人から買うほうが、信用もありますよね。

● あなたのお客様はどこにいるかよく考えてみましょう

交流会は闇雲に行っていてはダメです。あなたのお客様になってくれそうな方が集まるであろうランチ会やお茶会を選んで行ってください。そんなのわからないという方は、探し出すコツがあります。それは、主催者の好みを調べることです。その好みに合った人たちが集まるので、主催者をリサーチしましょう。

私は、開催前日に参加者の好みに合うと思われる服を作って、着ていきます。それは今もやっています。印象に残ることも大事ですよ。たくさんの人がいる交流会などは、いかに覚えてもらえるかが重要です。純粋な気持ちで人に会う。売り込みをしない。逢いたい人に会いに行く。人を好きになる。ハートを開く。そして、たくさんの人とお友達になろうと欲張らず、1 人の人でいいので、お友達になってみてください。

どんな人が集まるのかリサーチしよう

- 女子力の高い
  女子の集まり
- はなやか
- 積極的

- ナチュラル系
- おとなしそう
- 健康的なコト
  が好き

- 子連れママ
- 主婦
- ベビー系の仕事

あなたの作品に
合っている
交流会に
行きましょう

リアルに人に会うことはとても大事ですが、闇雲に行かないで、あなたのお客様になってくれそうな人が集まるところへ行こう

Lesson 05

認知されるには数を打つ

売り込みではありません

● 知らなかったと言われないために

セミナーを主催したり、販売をしていて一番残念に思うのが、「知らなかった。行きたかったのに」「欲しかったのに」といわれることです。セミナーは二度と開催しないものもあり、洋服も１点ものが多いので、知らなかったと残念に思われた方には申し訳ない気持ちでいっぱいになります。

知られていないということは、告知が足りていないということなのです。集客や告知に対して抵抗感がある方は、「何度も告知をしたら売れてないみたいでみっともない」「ガツガツしているように思われるのがいや」といいます。

理想は、告知や販売をはじめたら、数分で満席や売り切れになる状態です。でも、そんなにうまくいきません。一度発信しただけでは、目に触れる確率はかなり低いです。

● 売込みではなくお知らせをしています

告知や販売記事を何度も出すことは、知らなかった残念といわれないために、しっかり「お知らせをさせていただいている」、このように私は考えています。あなたが、お茶会や講座を開催するとしましょう。集客をする時には、楽しい出会いの場を作っていると思って動いてみてください。お茶会や講座は、人と人との出会いの場でもあります。人生が変わる出会いが待っていることもあります。大げさではなく、人との出会いで人生が大きく変わる方がいます。実際、私の開催しているセミナーの参加者同士で、コラボ作品が生まれたり、ひとりではできなかったであろう展示会を実現させたりしています。そんな、すばらしい場所を提供していると思ってくださいね。

あなたの作品を待っているお客様は、どこかにいます。あなたが作ったものは、あなたにしかできません。誇りを持って、お知らせをしましょう。

ブログやフェイスブックで情報発信をしっかりしましょう

「知らなかった」をなくすために発信

↓

知ってもらうために何度も発信

↓

よりたくさんの人に知ってもらえる

一度発信して
安心していてはダメ。
何度も発信しよう

告知を何度もすることに抵抗を感じないようにし、売込みではなくより多くのお客様に知ってもらえるようにしていると思うこと

lesson 06

売り込まない営業の仕方

自分が動く広告塔になる

● 作品だけでなく自分磨きもしよう

人は売り込まれることを嫌います。あなたも、欲しくもないものを、これいいので買ってといわれるとイヤではないですか？　そのように必死に売り込まなくてもいい方法があります。それは、あなた自身が動く広告塔になることです。洋服作家さんなら、作っている服を常に着ている。アクセサリー作家さんなら、身につけておく。

ここで重要なのは、あなた自身が自分の作っているものをステキに着こなしていたり、おしゃれにコーディネートをしていることです。あなた自身がステキに見えなければ、作品の魅力は半減します。作家さんも自分磨きが必要なのです。あなたが好きで作っている作品です。自分でアピールできなければ、誰もしてくれませんよね。

● 自然に購入してもらえる流れ

それと、すぐに販売できるものを持ち歩くことです。大きなものを作っている作家さんでも、イメージが伝わり持ち歩ける小さなものを作ってみるのもいいでしょう。アクセサリーや小物作家さんは持ち歩けますね。

ランチ会やお茶会などの人の集まる場所に身につけていくと、話題になります。どこで買えますか？　と聞かれたら、持っているものを見せられます。こちらからアピールしたわけではないので、売り込みではありません。自然な流れです。その場で作品を購入したお客様は、あなたに親近感を抱きます。また買おうと思ってもらいやすくなります。リアルに会う時は、チャンスです。仲良くなりやすいですし、人となりを知るので、信用されますね。

また、出会った相手の記憶に残るよう、覚えてもらう努力をしましょう。印象に残らない人は、せっかくの出会いも活かせません。そのためにも、自分磨きを忘れないように。

あなたが作品をステキに合わせているコト

欲しい
どこで買えるの？
どうやって注文するの？
ステキ♥
ブログ教えて

自分の作品はあなたがアピールしなければ、
誰もしてくれません

作家さんも自分磨きをしっかりやろう。作品を素敵に見せるのは作家本人

lesson 07

人に会うことの大事さ

お茶会やランチ会に行く意味あるの？

● 成果はすぐに表れません

私は、2年前一ヶ月に100人に逢うことを一年間実行してきました。ただ闇雲に行くのではなく、自分のお客様になりそうな方が集まるランチ会やセミナーなどにせっせと参加していたのです。旦那様には、散々言われました「行く意味あるの？　何か売り上げにつながったの？」と……毎回、何かが起こるはずもなく、お金にもなりません。ただコツコツと人に会っていました。それは、リアルに人に会う大切さをわかっていたからです。女性はなんか楽しい、いいかもという感覚で動きます。会って、話をして遊んでいるわけではなく、ビジネスの話も共有し仲良くなってお仕事につながっていくんだと思っていました。集まる人たちは、自立している方ばかりでした。

● どんな人が集まるのかしっかりリサーチ

どんな人が集まるのだろうと、しっかりリサーチし、前日には目を引いて興味を持たれそうな服を作って着ていきました。自分が動くブランドと思っていましたから。コツコツと人脈を広げていくと、徐々に変化が出てきました。コラボセミナーを開催したり、自分のセミナーに来てくださる方がいたり、お洋服をご注文いただいたり。お互いに人となりを知ると、安心しますし、親近感もわきますので、お申し込みにつながりやすくなります。

● 思い切って行ってみよう

お茶会やランチ会って、何か成果があるの？　お得があるの？　と思うなら、ぜひ行ってみてください。私は出会った方、ご縁のあった方を思い出しては、お世話になったな……会いに行ってよかったと思うのです。

当然、お金もかかりますし、面倒と思うかもしれません。利益にもなりませんし、絶対成果につながる保証もありませんが、私にとってはご縁が一気に広がった一年でした。

人と人との縁で仕事はつながる

注文したい
この人いい人
信頼できる
リアルに会うと親近感
お仕事一緒にしましょう

リアルに会うことは大切

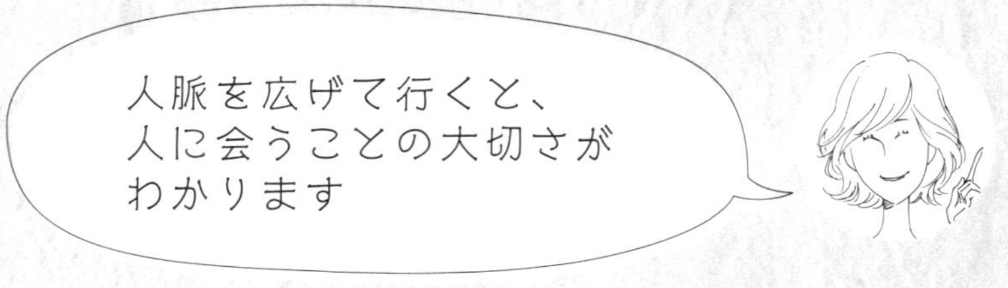
人脈を広げて行くと、人に会うことの大切さがわかります

Column

人は見た目で判断されます

人間中身が大事といいますが、パッと出会ったら見た目しかわかりません。一瞬にして見た目で「こんな人」と判断しませんか？

作品がいいことは当たり前ですが、作家さんも見た目が大事ですと、本書でも述べました。

海外では、見た目を気にしない人（身だしなみ、肥満、歯並びなど）は自己管理能力がないと見なされ、出世できないそうです。たとえばアメリカなどは歯科矯正が必須です。

作家さんもお客様と会う時や、お茶会やランチ会では、自分をブランドと思って、作品をアピールする必要があります。もしその時に、髪の毛はボサボサ、似合わないセンスのない服、汚らしい靴だったら、どう思いますか？一瞬にして「素敵じゃない」と思うのではないでしょうか。

だらしなく感じる人にお仕事は頼みたくありません。あなたでなくなるほどキレイにしましょうということではなく、あなた史上最高のきれいを目指しませんか？

あなたの作った作品が素敵に見えて、あなた自身がアピールができるって、すばらしいことです。あなたがもし作品の値上げを考えているのでしたら、自分磨きはしっかりしましょう。

あなたがアピールすることで10,000円の作品が、10,000円の価値に見えないのなら、残念ながら自分磨きが足りません。

あんな風になりたい、あんな風にコーデしたいとお客様に思ってもらえたら、販売は楽になりますよ。

6章

ファンをつかむソーシャルメディアの具体的な使いかた

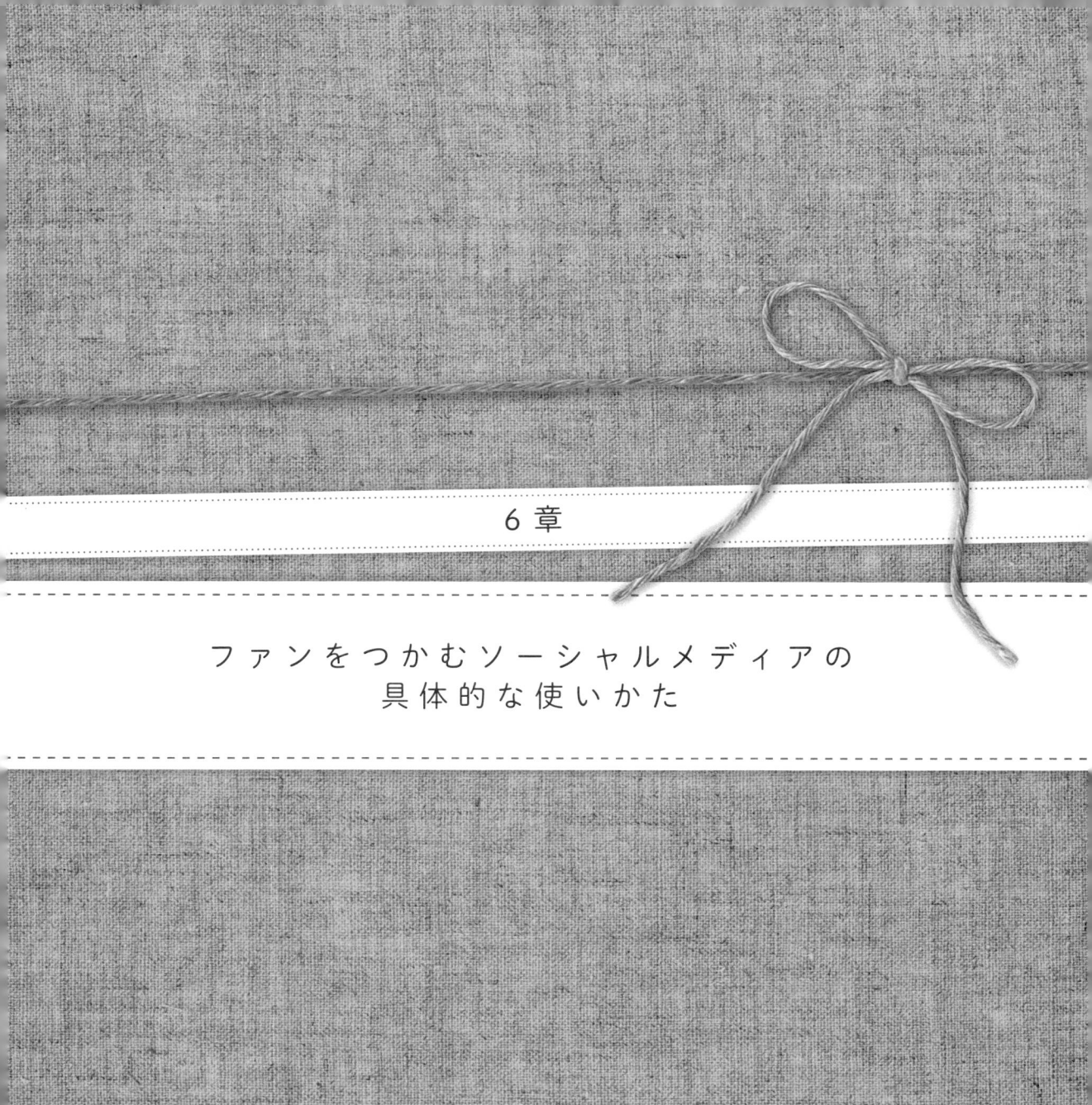

lesson 01

ツールの効果的な使い方

ツールの特性を知ろう

● 特性の違うものを組み合わせて使うと効果的

ブログやフェイスブックの特性をわかって使うと、とても効果的にあなたを知ってもらえます。

ブログはストック型といって、記事が残り、検索できるので、いつでも見に来てくれます。フェイスブックやツイッターなどはフロー型といって、記事やつぶやきはどんどん流れていきます。過去記事の検索ができないので探せません。しかし、即反応があるのと、あっという間に広がる拡散力があります。フェイスブックにはいいねとシェアがあり、いいねやシェアしてくれたお友達のお友達にまで拡散していくので、どんどん広がっていきます。

● 欠点を補い合う

ブログサービスでおすすめは、アメブロです。たくさんの人が利用していて、見ている人も多く賑わい感もあり反応もわかりやすいです。読者登録という機能があって、家にいながら名刺配りをしているような便利さで、ブログの拡散ができたりもします。しかし、商用利用ができませんので、販売記事は自分のショップか HP へ作り、リンクさせる必要があります。

それぞれの特性を活かしていくには、連携させることが大事です。HP もブログから読者さんを流せば、見に来てくださいます。ブログの記事もフェイスブックにしっかり連携させましょう。

また、ハンドメイド作家さんには、インスタグラムをおすすめしています。インスタグラムは、写真が中心になっているフロー型のツールです。写真の加工が簡単で、とてもおしゃれに見せることができます。インスタグラムにひたすら投稿して、お仕事が入った方もいます。フェイスブックにも同時投稿ができるので、おしゃれな写真をアップしてみてください。

ストック型とフロー型を連携させると最強になります。

特性を活かして連係させましょう

ストック型
フロー型
アメーバブログ
ホームページ
連係プレー
フェイスブック
インスタグラム
ツイッター

・検索される
・記事がどこにあるかわかる（探せる）
・読みに来てくれる

・反応が早い
・あっという間に広がる拡散力
・流れていく
・検索ができない
・記事が探せない

ツールはひとつだけでは弱いので複数連携させることが大事。それぞれの特性をよく理解し使うこと

lesson 02

ファンはどうやったらできるのか

プライベートを見せよう

● ファンは何を知りたいのか

今や一般人にファンがつく時代です。自分になんかファンはいないと思っていませんか？　作品をいつも買ってくださる方は、あなたのファンなのですよ。ファンは、芸能人や有名人にだけいるものではありません。あなたの作品が好きだといって買ってくださったり、あなたのブログをいつも見てくださる読者さんもファンなのです。特別なことではありません。

ファンは、あなたのプライベートなことや考えていることを知りたいと思っています。

● 裏側が知りたいのがファン心理

例えば芸能人のブログでも、何時に○○の番組に出ます、というようなお知らせだけの記事は面白くないですよね。ファンなら知っていることです。そうではなく、プライベートな私服を見たかったり、考えていることを知りたかったり、どんなものが好きなのか教えてほしかったりするものです。プライベートな記事を書いている芸能人のブログのほうが、人気ブログランキングで上位だったりします。

● あなたから買いたいと思われる

素人の自分がプライベートなことを書いても、誰も興味なんかないはずと思っているのは、あなた本人だけです。あなたが休みの日に何をしているのか、どんなことを考えているのか、ファンでなくても知りたいと思っている方がいます。普段の何気ないことを書いているけど、この共感できる記事は誰が書いているんだろうと興味を持ちませんか？

ファンは、あなたの作品だけでなく、あなた自身が好きで買ってくださいます。あなたが作っているから、あなたから買いたいと思うのです。それは、あなたの人間性を見て好きになっているからです。

ファンがあなたにもいますよ

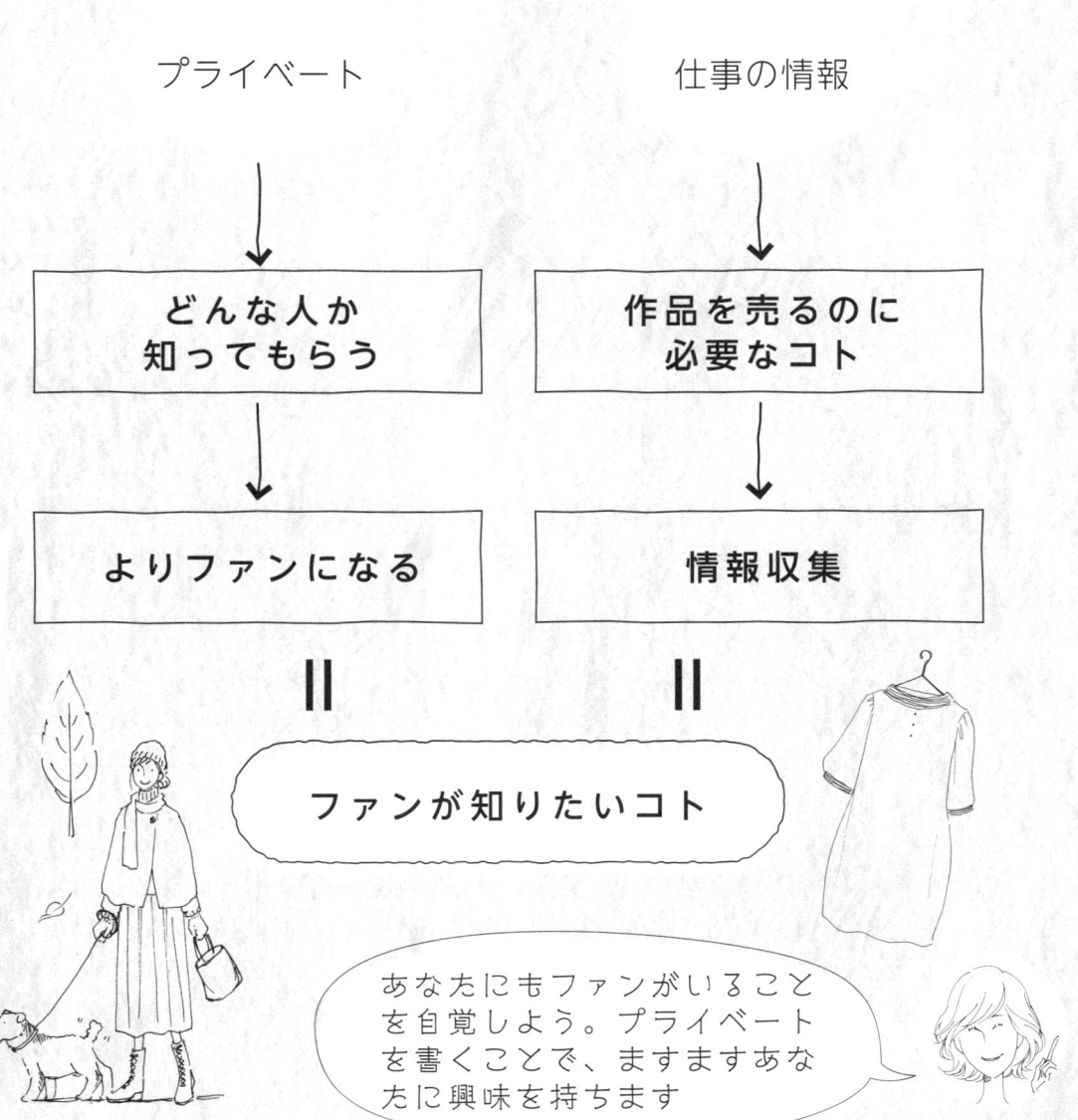

プライベート

↓

どんな人か
知ってもらう

↓

よりファンになる

=

仕事の情報

↓

作品を売るのに
必要なコト

↓

情報収集

=

ファンが知りたいコト

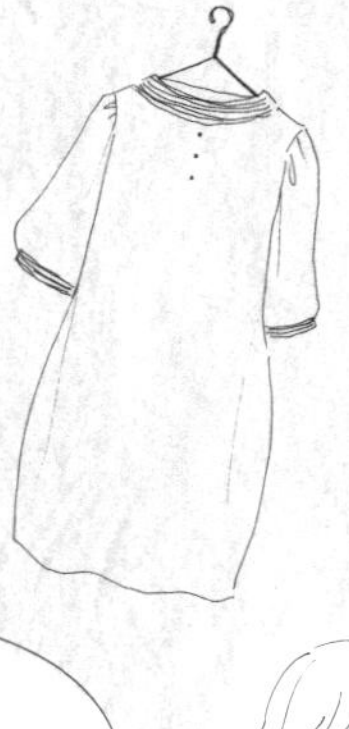

あなたにもファンがいることを自覚しよう。プライベートを書くことで、ますますあなたに興味を持ちます

Lesson 03

感情や思いをブログに書いてみよう

人として完璧でなくてもいい

● 優等生ブログはつまらない

自分の考えや感情を、ブログなどに書くことに抵抗があるという方もいます。反感をかったらどうしよう、批判コメントがきたらいやだなど、考えると書けないですよね。

以前、「安売りするハンドメイドイベントに出ない理由」という、私のイベントに対しての考えを書いた記事をアップした時、アクセスが集中し、翌朝３万 PV をたたき出しました。いまだにその記事は読まれています。この記事で、まだファンになっていない人も共感してくださり、一気に読者さんが増えました。世の中には作家さんがたくさんいることと、一作家が思うことを書いた記事にこんなにも反響があることに、私自身おどろいたのです。

このように、自分の気持ちや感情を書いても誰も興味がないなんてことはありません。自分のことを書いても誰も喜ばないと思っている間は、ファンはできないと思います。ファンになるのは、作品だけではありません。作家自身のファンになるのです。あなたの考えていることや思いを、素直に書いてみましょう。考えていることや感じることに共感できると、その人を好きになり、親近感がわきます。

● いいことばかり書こうと思わなくてもいい

実際、フェイスブックでも思いを書いた記事を投稿したら、いいねの数はいつもの倍ついたりします。みんな興味があるのです。共感すれば、コメントもいただけます。私は、そこからお友達になって仲良くなり、お仕事につながったこともあります。

人として完璧でなくていいのです。完璧で失敗をしない人は、面白みがありません。「私もそう思う」「私もそんなところあるある」と思うと、親しみがわきます。あなたの感じることが、心に響く人もいるのだから。

あなたの考えを書いてみましょう

あなたが考えているコトを記事に

気づきがある

そんなコトを
考えている人
だったんだ

共感できる

↓

自分にプラスになる情報を流してくれる人

↓

人として信頼される

自分の考えや感情を書いてみよう。
完璧に見せようとしなくていい

Lesson

04

ブログにはどんなことを書くの？

ハンドメイド作家はネタの宝庫

● どんな事もネタにしよう

ブログは1日に1記事が最低ラインなので、3記事は書くようにしましょう。コツコツ更新するのは、当たり前です。

「3記事もネタがありません」と相談されますが、ハンドメイド作家さんはネタがたくさんあります。どんな職種より書きやすいと思います。作家さんは、出来上がったものをきれいに見せたいという気持ちが強いのではないでしょうか。でも、出来上がったものだけが写っている写真には魅力を感じなかったりします。出来上がるまでの工程を見せていくといいですよ。

● ネタ探しは常に

まず、仕入れの時点から記事になります。仕入れしてきたものを写して、何ができるか想像してもらいます。それから、作っている工程をちょこちょこと発信するのです。お客様やファンは、何ができるのかワクワクします。出来上がるまでに3記事は、十分書けますね。記事のネタはあちこちにあります。私はネタになりそうなことを見つけたら、スマホのメモ機能に書いて保存しています。ネットで販売や集客をするなら、ブログのネタを発見するためのアンテナを張っているのは大事なことです。

● 重要記事はありますか？

メニュー一覧記事や、お申し込みにつながる記事を置いておくことも大事です。これがないと、ただの日記ブログになります。お客様が買える流れを作っておかないと販売にはつながりません。

他には、役に立つ情報やプライベート話も書きましょう。バリエーションのある記事投稿を心がけてくださいね。ブログは読者さんに楽しんでもらえないと、もう見に来てくれなくなります。好みのものが買えて、役に立って、楽しい記事がある。そんなブログにしましょう。

ブログ記事は1日3記事は書きましょう

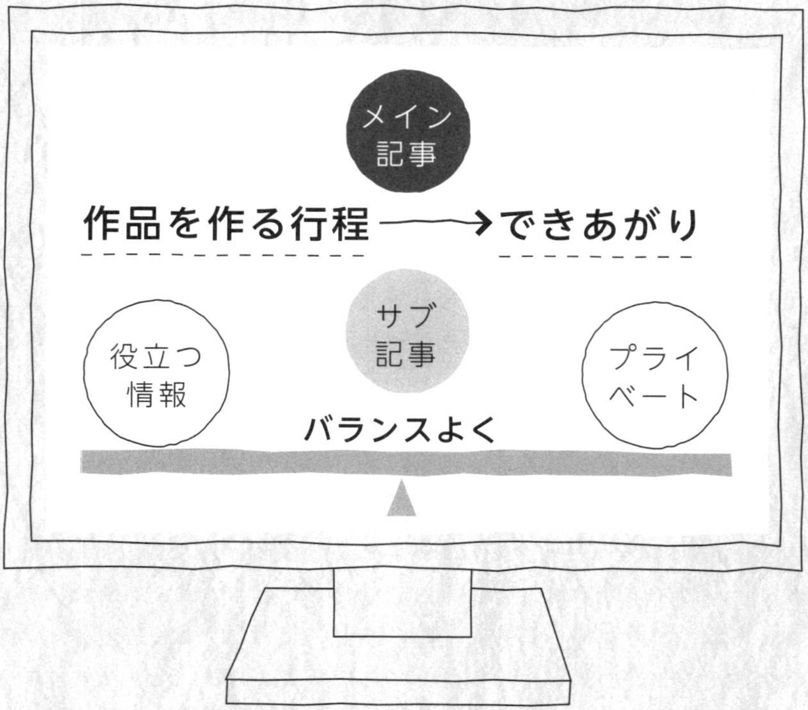
メイン
記事
作品を作る行程
できあがり
サブ
記事
役立つ
情報
プライ
ベート
バランスよく

作家は仕入れから作品完成までブログネタの宝庫。ネタになりそうなことは普段の生活からも見つけられます

lesson 05

お申し込みフォームがないと売れません

お客様が買いやすいようにしよう

● お申込みフォームで誘導します

ネット販売サイトでの販売なら、お申し込みフォームはサイト内にあるのでOKです。

自分で販売記事を書いてHPで販売する場合は、お申し込みフォームを設置していなければお申し込みにつながりません。「こちらのメールアドレスからお申し込みください」と記事内にメールアドレスを書いている方もいますが、お客様には手間がかかるのでお申し込みしにくいのです。

私は、気になる方はメールをください、と記事内にメールアドレスを載せることがあります。新作を作るとすぐにお問い合わせがあるので、販売記事を書く前にいち早く対応をするためにそうしていますが、売れるまではフォームが必要です。私も定番の作品には、フォームを設置しています。

● 必ずスマホ対応であること

スマホ対応のメールフォームを簡単に作れるのが、フォームズとフォームメーラーです。無料版と有料版があります。無料版は、広告が入ったり、フォーム数に制限があります。また、内容にも制限があり、細かい設定ができません。作品数が少なければ支障がないでしょうが、増えると有料版に切りかえないとフォームは増やせません。また、自動返信メール機能もついていないと、お客様がお申し込みがキチンとできたのか不安になります。

フォームは、自分の仕事量に合うのかよく考えて使いはじめましょう。使いはじめてからフォーム数が足らないとなった時、フォームサイトの引越しは結構手間です。

フォームは簡単に作れるので、ネット販売をはじめようと思ったら、すぐに作ってみましょう。自分で申し込んでみて、申し込みしやすいか、返信メールが届くかなどの確認をすることも忘れないように。

お申し込みフォームを作ろう

無料のフォーム

取り扱う作品数が少ない方用

↓

アイテム数が増えると有料へ切りかえ

有料のフォーム

取り扱う作品数が多い方用

↓

そのままの金額でたくさん作れる

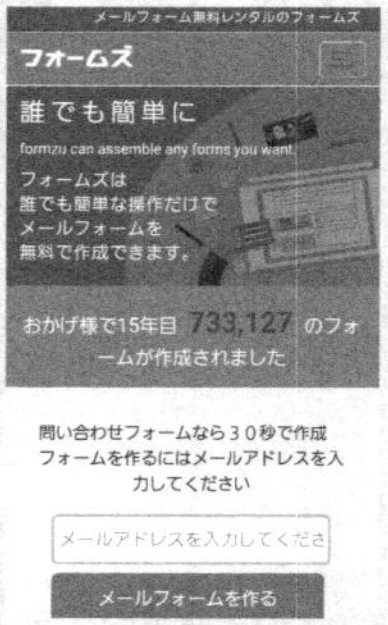

フォームズ
http://www.formzu.com/
サイトによってフォームの数と会費が違うのでよく考えてスタートしましょう

お申込みフォームは種類が豊富。
自分の仕事量や作品数によって、
最適なフォームを選ぼう

Lesson 06

いろんなパターンで売る

すぐにあきらめない！

● ひとつがダメなら次にトライ

一度販売をしてみて売れなかったと、落ち込んであきらめるのはもったいないです。それは、本当に売れないのでしょうか。

発信は、一度したくらいでは見つけてもらえません。ブログで書いても売れなかったらフェイスブックへ投稿したり、色々とトライしてみましょう。

ブログやHPには、お申し込みできる記事が必要です。でも、そこへ誘導していかなければ、作品は売れません。知られないと売れないので、知ってもらえるようにいろんなところで発信しましょう。たくさんの方の目に触れることが大事です。ブログには大元の記事を置いていますが、置いているだけでは見つけてもらえません。待っているだけでは販売は広がっていかないので、自分から動きましょう。

● 関連性のあるネタで大事な記事に誘導しよう

販売記事に誘導するための記事については、常にネタ探しをしています。例えば、私は天然素材を使ってお洋服を作っているので、お肌の弱い方へ向けての記事を書いて、その最後に「そんな方におすすめですよ」と販売記事のリンクを張って、お肌にやさしいなら買いたいと思われるような流れを作っています。このように、1つの記事を書いたから終わりではなく、売りたいものがある記事につなげる工夫をしてみてください。

同じように、フェイスブックでもやってみてくださいね。ブログへ読者さんが流れるとアクセスも伸びますし、ブログの読者さんだけでなくフェイスブックの読者さんも見てくれることになります。

他にもツールはたくさんあります。一度告知をしただけでは知られる確率が低いので、売れないのです。欲しいと思うお客様が探しているかもしれませんよ。そのことを忘れないでくださいね。

記事はただ置いているだけでは売れません

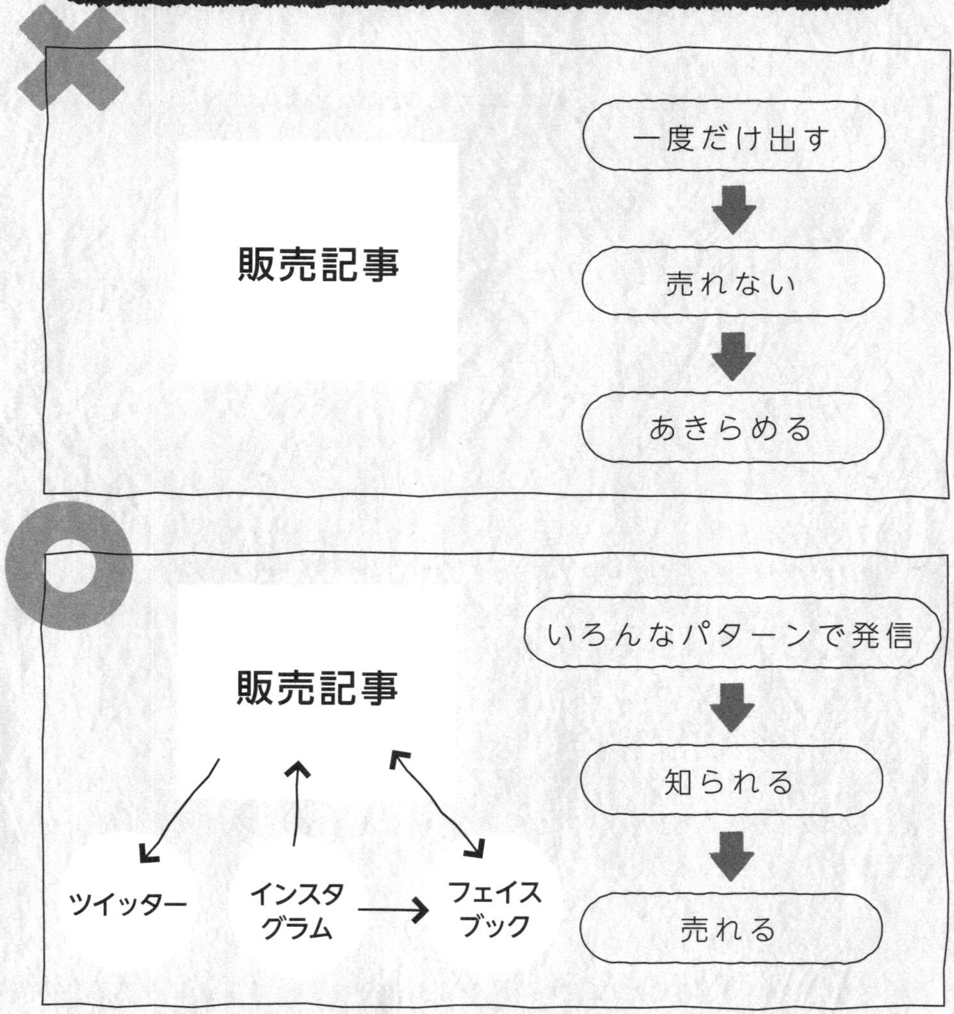
販売記事
一度だけ出す
売れない
あきらめる
販売記事
ツイッター
インスタグラム
フェイスブック
いろんなパターンで発信
知られる
売れる

販売記事は一度出しただけでは売れません。何度も目に触れるよう記事につなげる工夫をしよう

Lesson 07

売れる導線を考えよう

お客様はどこを見てあなたの作品を購入されるのでしょうか

● どこに置けば、反応がいいのか考えよう

ブログにも売れる導線があります。

私はアメーバブログを使っていて、作家さんには3カラムをおすすめしています。それはブログが縦3つに分かれるデザインです。

向かって左側が大きい設定にして、そこにはお知らせしたい重要記事のリンクと写真を置いています。

右側は細いので、プロフィールやテーマ、記事、読者の一覧、お気に入りブログなどを設置しています。左右同じ大きさにカスタマイズもできますが、左側が大きいほうが写真が映えるので、そのままにしています。

● アメブロの広告の位置を見れば、クリックしやすい場所がわかる

まず、お客様はどこに目がいくと思われますか？　左上の目のいきやすい場所がクリックされやすいです。アメブロには広告が入りますが、その広告はどこに入っているかご存知でしょうか。一番クリックされやすいところです。ですから、そこに重要記事を置けばいいということですね。

広告は、あなたのブログに関連することが入るので、そちらにお客様が流れてしまう可能性が大きいです。広告は有料で外すことができます。初月は無料ですので、お得です。月はじめに外す手続きをするといいですよ。外したら急に売れ出したという方もいるので、あなどれません。

さて、左側のクリックされやすい場所には何を置けばいいのでしょうか。あなたの売りたいものの販売記事や、お教室をされているなら教室の案内記事やメニューのリンクですね。クリックすれば、すぐに目当ての記事に飛ぶようにしておきましょう。リンクに写真をつけると効果的です。女性は視覚から入るので、写真は必須です。パッと見て好みだと思ったり、教室の様子が楽しそうと思えば、クリックしたくなります。

お客様が買いやすいブログ作り

メニューなどの
重要記事のリンク

お知らせ

プロフィール

売りたい重要記事のリンクはブログを開けた時、
すぐに目につくところに

何を売りたいのか、一番見て欲
しいものは何かをじっくり考え
て、レイアウトに反映させよう

lesson 08

スマホ対策をしよう

スマホでは、ブログの見えない箇所が多いのです

● スマホで見るブログは見えない部分が多い

今、スマホでネットを見る方が多いですね。私のブログのアクセス解析を見ても、スマホで見ている方が多いです。スマホでブログを見ると、表示されない箇所があります。

アメブロでは、ヘッダーとサイドバーがすべて表示されません。テーマなどは別にクリックして見る欄がありますが、ほぼ見られないように思います。つまり記事だけしか見られないのです。せっかくサイドバーに大事な記事を置いているのに、お客様に見てもらえないのはもったいないです。そこで、メニューは記事内に置くようにします。

● 記事下の重要性

メニュー一覧は記事の最後につけます。一覧は前もって作っておいて、コピペでつけると便利です。私は、何種類か作ることをおすすめしています。毎回同じものよりも、変化をもたせることで読者さんから注目されやすくなります。

また、記事内におすすめリンクがある場合は、メニュー一覧をつけないほうが記事内のリンクが目立っていいでしょう。記事には、写真を必ず載せるようにしてください。文字だけではクリックされにくいのです。写真で視覚にうったえましょう。

いい写真がない場合は無料画像を使ったりするのもいいですよ。無料画像サイトからダウンロードします。私がよく使う「写真AC（http://www.photo-ac.com/）」は、バリエーションが豊富にあり、かわいい画像が多いです。キーワード検索もできますので、記事に関連する画像を使いましょう。

日々、パソコンで自分のブログを見ていると気がつかないことがたくさんあります。お客様目線で、たまにはスマホ版でブログを見てくださいね。

スマホユーザーに合わせた情報提供をしよう

↑
記事下〈何種類か用意〉

ブログをスマホで見る人が増えています。

時代にあった販売をしましょう

記事に入れる写真を探すのに便利！

写真 AC

http://www.photo-ac.com/

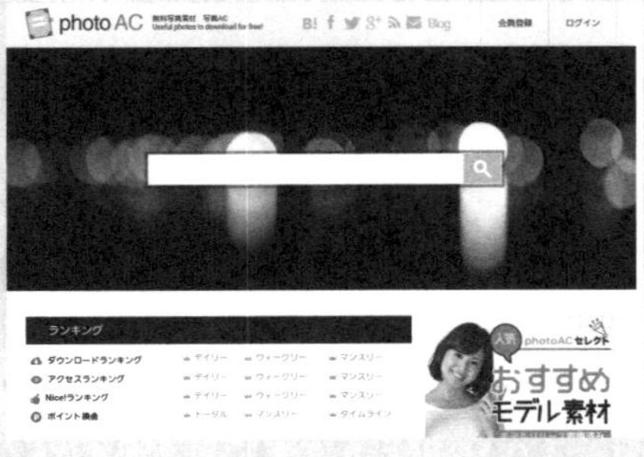

ブログをスマホで見ると
どう見えるか試すことも
大事。表示がパソコンと
まったく違うことも

lesson 09

ブログのデザインについて

作家はイメージが大事

● ブログデザインはセンスよく

ブログは、見た瞬間でその人のセンスがわかりませんか？ ハンドメイド作家なのに、ブログがセンスのないデザインだと損をします。センスのない人が作ったものは欲しくないと思うからです。ブログがあなたのイメージと合っているか、イメージカラーがあるのか。あなたのやっていることと合っていないと、見た人は違和感を感じます。

● 何屋さんのブログか分りますか？

また、あなたはどんなものを販売していて何屋さんなのか、読者さんに伝わっていますか？

記事に作品の写真を掲載しているから大丈夫と思っていても、記事は時間とともに流れていきます。読者さんが見に来た時にその記事がなければ、結局何をしている人なのか伝わりません。

ブログのデザインは、自分でできなければ作ってもらうこともできますが、お金がかかります。シンプルでいいので、自分の雰囲気に合うように作ってみてください。

時間がないのを理由こブログの更新をしていない作家さんが多いですが、ブログはあなたを知ってもらうための一番の道具です。どんなイメージで作品を作っているのか、お客様はブログから情報を仕入れます。

誰でも検索できるブコグをイメージに合わせて作り上げることは、あなたのイメージアップにもつながります。大手企業も、イメージアップのためにブログや HP には統一感を持たせ、ブランドイメージを作り上げていますよね。この企業はカジュアル系、ナチュラル系、シンプル系だと、見ていると勝手にイメージがふくらみませんか？

あなたのブログも、そのように見られているのです。

作品のイメージに合うブログ作り

天然素材の大人かわいい服の販売

著者

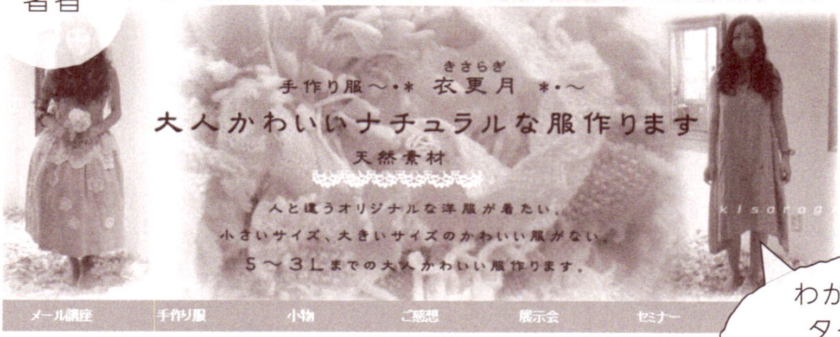

わかりやすい
タイトルは
何をしている人か
すぐにわかります

入園グッズ、子供服販売

水上里美
さん

ヘッダーから
何屋さんかわかり、
作っているものの
イメージに合っています

パッと見た瞬間に
人はイメージを感じとります。
伝わるヘッダーにしましょう

ブログは見た目をセンスよくしていることが大事。ただ発信するためだけのツールではありません

lesson 10

フェイスブックの使い方

効果的に使いましょう

● つながりが濃いフェイスブック

フェイスブックは原則本名で登録するので、リアルに人を感じやすいです。リアルだからこそ、つながりやすいということなので、使わない手はないですね。「フェイスブックは怖くないですか？　知らない人からのお友達申請が怖いです。どうすればいいですか？」とご質問をよくいただきます。

いつも思うのですが、ブログの読者申請は簡単に受けるのに、フェイスブックの友達申請には過剰な制限をかける方が多いです。人がリアルに見えるからでしょうか。ブログも先には人がいます。フェイスブックでは自分の承認基準を決めておくと迷いません。

では、どのように使っていけばいいのでしょう。まず、投稿は全員に公開しましょう。お仕事として発信するのであれば、よりたくさんの方に見てもらえるようにしておきましょう。

● フェイスブックからブログへの連携

次に、基本データをキチンと記入します。フェイスブックにせっかく来ていただいても、ブログや連絡先がわからなければあなたを知ってもらえません。そして、名前は日本語で登録しましょう。お友達申請の際にローマ字だと入力に手間がかかり、相手に面倒がられます。そうなると、覚えてもらえない、つながりにくい、タグ付けしにくいという最悪な結果になります。日本人なので、なじみがあるのは日本語ですよね。

顔写真もキチンと入れましょう。タグ付けは承認制にして、タイムラインに投稿できるのは自分だけにします。そうしないと、全員がタグ付けした集合写真が何度も自分のニュースフィードに流れます。同じ写真がずらりと並んでしまいます。いらない写真や投稿は、公開前に削除しましょう。自分のフェイスブックは人にも見られています。見やすく、きれいにしましょうね。

フェイスブックは怖くない

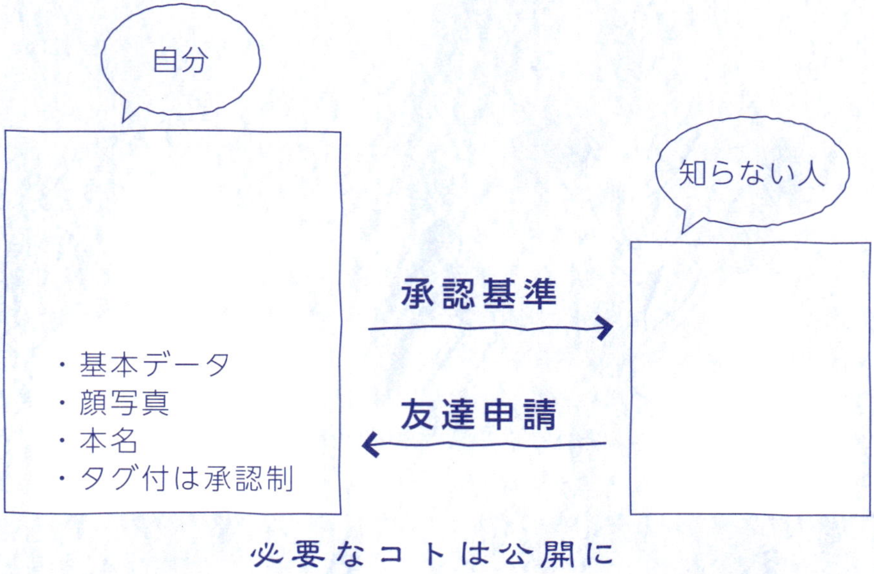
自分
・基本データ
・顔写真
・本名
・タグ付は承認制
承認基準
友達申請
知らない人
必要なコトは公開に

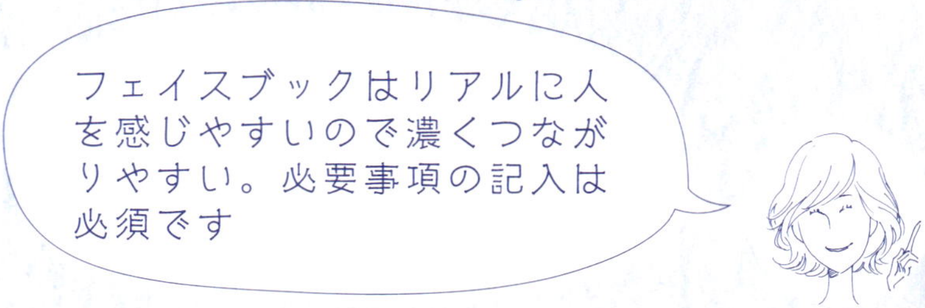
フェイスブックはリアルに人を感じやすいので濃くつながりやすい。必要事項の記入は必須です

lesson 11

フェイスブックは交流の場でもあります

コメントチェックを忘れずに

● 変なコメントには注意

フェイスブックは気軽にコメントが入れられるので、お友達になりやすいです。その反面、変なコメントも入りやすいです。

例えば、「おはようございます。本日もよろしくお願いいたします」「すてきです」「かわいいね」など、同じコメントをコピペでやたらとしてくる方がいます。だいたい男性です。そんなコメントの後に、女性のお友達はコメントが書きにくくなり、もうコメントするのをやめようと離れていってしまいます。もしそのようなコメントが書き込まれたら、削除しましょう。

男性からのそんなコメントがずらりと並ぶと、あなたのイメージも悪くなります。私は、友達承認する時点で、相手のフェイスブックの使い方やコメントの書き方をしっかりチェックしています。また、批判コメントや反論コメントなどは、1回はキチンとお答えしても、それ以上は取り合わないことです。あなたのコメント欄も人に見られているので、人が見て不快だと感じそうなコメントは削除しましょう。

● あなたのコメントも人に見られています

もちろん、そんなコメントばかりではないので、コメントはいただいたら返すように心がけてくださいね。コメントの交流で仲良くなったり、お客様になってくださったりします。ブログと違ってコメントが書きやすいので、濃いファンができやすいです。私は、コメントが面白いのでお友達になってください、とメッセージをいただくことがあります。人にしたコメントまでも見られているという証です。

また、コメントはそこから記事のヒントを得たり、気づきがあったりするので、自己の成長にも役に立つものだと思います。ただ楽しくやり取りするだけではないのが、人との交流です。

コメントも人と人との交流。気持ちよくしましょう

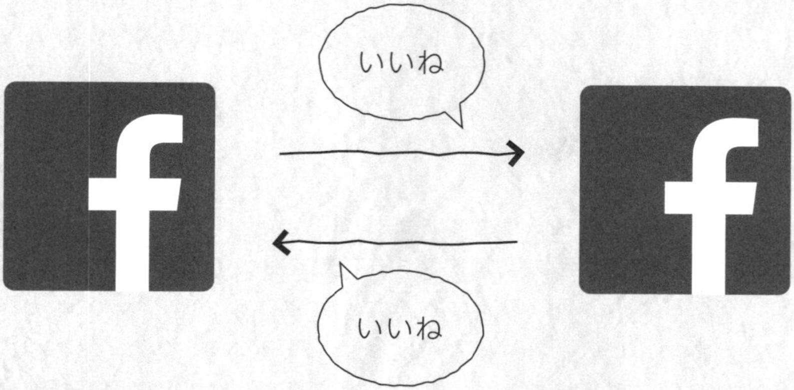

自分のタイムラインはキレイにしておきましょう

気分を害するコメントは削除しよう

コメントのやり取りから気付きや成長があったりします。コメントはまめにチェックしてきれいにしておきましょう

lesson 12

プロフィール写真はどんなものがいいのか

写真のクオリティーでお客様の質が変わります

● わかりやすい写真になっていますか？

４章の６項で顔出しのお話しをしましたが、プロフィール写真は、顔がわかればなんでもいいということではありません。作家さんなので、顔がキチンとわかれば白黒などの雰囲気のある写真でもいいと思います。

暗い、怒っている顔、関係ない動物と写っている、横顔、遠くに写っていてわからないなどの写真は、実際に会った時に気がついてもらえません。

私もたくさんの方にお会いしますが、写真の人と目の前の人が同一人物だと気づかないままお話ししていたりします。これは記憶にも残らないので、とても損なのです。

● 自撮りよりもプロに撮ってもらいましょう

また、女性はきれいに見せたいと思う生き物なので、加工しすぎてまったくわからないこともあります。自撮りが流行っていて、たくさん加工アプリも出ていますしね。

私がおすすめするのは、プロにキチンと撮ってもらったプロフィール写真です。写真のクオリティーで、お客様の質って変わってきます。写真は安心材料になりますし、信頼にもかかわってきます。自撮りした暗い写真のあなたから、何万円もする作品を買おうとは思わないからです。

大事なことは加工しすぎないことです。いったい誰？　というくらいきれいな写真だと、会った時のがっかり感がマイナスイメージになります。

きれいさは２割り増しくらいで、あなただとハッキリ認識できる写真を撮ってもらいましょう。撮ってもらう時の服装は薄着で、アクセサリーはつけないほうがいいですよ。アクセサリーのほうに目がいってしまいます。主役はあなたなのですから。明るく笑顔の写真で、あなたのイメージがアップするような表情を心がけて、撮っていただきましょう。

プロフィール写真は盛りすぎに注意

キレイに撮っても、実際に会うと
誰かわからないということにならないように

プロフィール写真はプロに撮ってもらう方がいいです。実際に会った時にイメージダウンにならないよう加工はほどほどに

lesson 13

インパクトギャップも人の魅力になる

過去の仕事や意外な趣味などないですか？

● ギャップのある人は人としての深みがある

見たまんまの人や話をしても話題がない人は、印象に残りません。しかも、中身のない人と思われ、魅力的に見えないのです。

インパクトだけを狙ってもダメですが、人の印象に残らないとお仕事として自分ブランドを確立していくのは難しいでしょう。

あなたは過去にどんな仕事をしていましたか？　例えば、国際線CAを過去にやっていて、今はアイシングクッキーの作家さん。教師をやっていて、今は起業コンサルタント。また、すごい資格を持っている、ギャップがある趣味を持っているなど、あなたにもありませんか？

グラフィックデザイナーで、フラワーコーディネーターとプラネタリュームのコンパニオンをやっていて、スキー国際資格を持っていて、キックボクシングやヨガの講師もやっていた服作家って意外性がたくさんあって、「どんな人なんだろう」とちょっと思いませんか？　実は、私なのですが……。

● あなたの過去をオープンにしてみよう

過去や裏側が意外に面白い人はいますよね。そんなギャップや経験は、人の深みになります。今は幸せだけど壮絶な過去があるなど、ブログなどでカミングアウトをしていくと、あなたに興味を持つ人が増えてきます。ハートオープンに記事を書くことで、人気が出たりします。あなたのストーリーを何話かに分けて書いてみるのもいいですよ。私のマイストーリーを読んで、興味を持ったという方もいらっしゃいます。

インパクトギャップは個性になります。そればかり強調してはダメですが、たまに意外な側面を見られると、ファンはますますあなたを好きになると思います。意外性は人の魅力になります。「ギャップ萌」という言葉も過去に流行りましたが、ランチ会などで出会った時の話題にもなりますね。

実は…な過去は人の魅力に

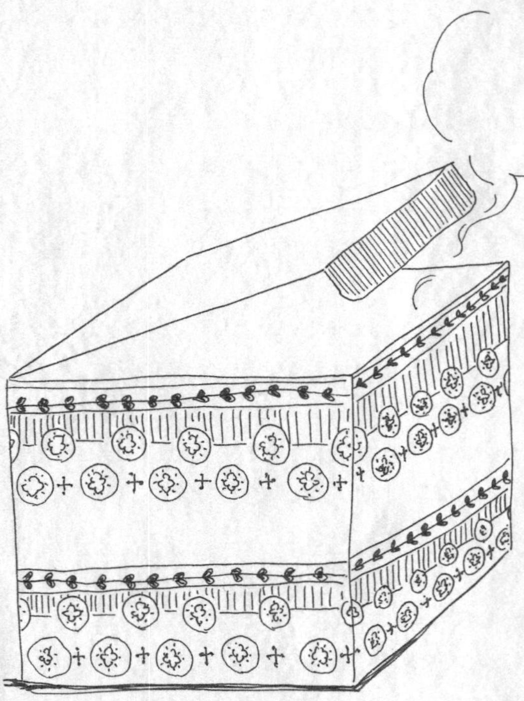

過去の記事や
意外性は魅力に

中身が面白いと人は興味を持ちます

過去をオープンにすることや、
会った人の印象に残ることが
ビジネスとしての鍵となる

Lesson 14

家族ネタやドジ話をしよう

面白いところもあるんだと共感を呼ぶ

● 楽しいと思う記事は読んだ人も楽しい気持ちになる

私は、家庭内で起こった面白いことや、笑ってしまうような会話のやり取りをすべて「ネタ」として、すぐにメモしています。フェイスブックに上げれば、いいねは300以上つきます。最近はどなたかが名づけてくださって「中尾劇場」と呼ばれています。

家族の話などは、どこの家庭でもよくある内容が多いので共感を呼びやすいです。私自身は、共感を狙うというより、面白いことは読む人もきっと面白いだろう、笑って明るい気持ちになってもらえたらいいなと思って発信しています。暗いネガティブな記事や真面目な話は、読む人の心に響かないですし、楽しくないですね。発信内容は、その人を映し出します。楽しい人だと思われると、この人といればいいことが起きそうなどとイメージもふくらみ、実際に会ってみたいと思われるようになります。

● 完璧な人間じゃない部分も出していこう

クスッと笑えるような面白いことが書いてあるブログは、また読みに来ようと思いますよね。私は知らない土地に行くと迷子になるので、よく迷子ネタも書いています。電車の降りる駅を間違えてパニックになったり、大きな声で言い間違いをしたり、目が点になるようなことをやらかすようなのです。私自身は自分のドジを楽しんでおりますが、旦那様はかなり振り回されているようで、その迷惑ぶりも面白いネタになっています。中尾劇場で一番人気は、次男です。お陰さまで18歳の次男には、ファンもついています。いいねで拡散されるので、ファンは増殖中です。

面白いことや自分のドジな姿をカミングアウトすると、こんな一面もあるんだと思われるので、完璧でいなくてもよくなります。そうすると、発信も人とのお付き合いも楽になりますよ。

完璧で真面目なネタは面白くない

完璧でなくてもいい

↓

ドジネタや
おもしろ話をしよう

↓

この人面白い

共感される

完璧
じゃなくても
いいんだ

発信が楽にできるように

楽しい話は読んだ人も明るい気持ちになる。また発信内容はあなたの人柄が出ることを意識しよう

Column

なぜお申し込みがないのか

あなたのブログはお申し込みにつながっていますか？　売れないのには、ブログの形が大きく関わってきます。基本中の基本です。

そこから、お申し込みにつながるのですから、導線とスムーズな流れが大事です。「お申し込みはどこから？」「メニューはどこ？」と思う、残念なサイトもあります。せっかく、お客様が来ても結局買えないとなると、もう来なくなりますね。

あなたが、人のブログへ行ってみた時、どこを見るのか、どんなことをするのか、客観的に見てみるといいですよ。いくら、ブログ更新をがんばっても成果が出ないと思う時は、一度ブログを見直してみてくださいね。

導線がよくないことに気づかず、ブログ更新をがんばっても無駄になります。もったいないです。

私は、2年前にブログからお申し込みが来るようにと、ブログの整理を3ヶ月かけてみっちりやったことがあります。一日中、パソコンの前に座り、真っ暗になって夕飯を作ってなかったことに気がつく、そんな毎日でした。

まず、売れている人のブログを徹底的に研究して、自分のブログに反映していきました。リンク先を作り直したり、つなげたりと大変でしたが、整えて記事を出した2日後に18,000円のワンピースが売れました。

ネットで18,000円の服を買っていただけるくらいのしっかりした記事ももちろん必要です。でも記事はどんどん埋もれていきますので、リンクでつなげておく必要があります。その時に、ブログの形が売れる形になっていなければいけないのです。

7章

作家のカラーを出した
売れる作品の作りかた

Lesson 01

集まってきた人へ売れる作品を

どんな人があなたのことが好きですか？

● 時代の変化に合わせたもの作り

あなたのファンは、あなたのどんな作品が好きなのでしょうか。年齢層もあなたと同じくらいの方が多いでしょう。私がハンドメイド作家をはじめたのは30代前半でしたので、そのころからのファンの方も同じように年齢を重ねています。私自身、若いころの作品とは違ってきていますし、好みも少しずつ変化しています。

もちろん、作品の軸となるコンセプトは変わりませんが、環境や流行の変化、シチュエーションに合わせたもの作りは必要になってきます。

● 年齢とともに求められているものが変化する事を敏感にキャッチしよう

私の場合は、作りはじめたころはナチュラルテイストが強く、よそ行きの服より、生活に密着したかわいいワンピースなどが多かったように思います。子供も小さかったので、汚れてもジャブジャブ洗えるような服です。その後、ナチュラルだけれども、大人の女性も着られるようなシンプルなデザインに移行していきました。現在は子供も手を離れ、キチンとした服を着ておでかけすることが多くなったので、ピンクのスカートや、チュール素材を使ったワンピースなども作っています。

● こんなものが好き！とコツコツ発信していけば作品作りは楽になる

私が着たい服が、お客様のテイストに合うようです。それは、私はこんなものが好き、とずっと発信してきたからです。それによって、好みの合うお客様が集まってきているように思います。そうすると、作品も作りやすくなります。あなたの好きな作品を作れるようになるのです。

それに、ファンの方は、新作が出れば買ってくださいます。あなたが作ったものは欲しい、あなたから買いたいのがファン心理です。あなたの好きなものを買ってくださるので、作品作りがとても楽しくなるのです。

年齢とともに作るものも少しずつ変化

ファン
30代
ナチュラル
ワンピース
40代
シンプル
ワンピース
50代
おでかけ
ワンピース

ハンドメイド作品にもブームや年齢層の変化がある。こんなものが好きと発信をコツコツすることで好みの合う人が集まってくる

lesson 02

売りたいものは何か

はたして売りたいものが売れるのか

● 本来作りたいものや売りたいものが売れるには時間がかかる

前項で、集まったファンはあなたが作ったものは欲しくなるとお伝えしました。でも、なんでも作れば売れるようになるには、時間がかかります。もちろんファンの心理は欲しい！　ですが、お客様との信頼関係は、そんなにすぐにできるものではありません。時間がかかることを理解しておくと、焦らないですむでしょう。あなたには作りたいものがありますよね。こんなものを作りたい、これからも好きなものを作っていきたいと思っていませんか？　でもそればかりでは、はじめは売れにくいのです。

● まず売れ筋は何か考えてみよう

では、今あなたの作品の売れ筋はなんでしょうか。一番人気があり、利益につながっているものです。売れているということは、需要があるということなので、お客様は欲しいと思っています。まずは、それをしっかり販売して作品の認知を広げ、収入を確保しておきましょう。いきなり、作りたいものを作るので、今までの作品は作らないとなると、お客様はがっかりされます。売れているものを作りながら、平行して作りたいものを作りましょう。

● ファンは特別なものが欲しくなる

ファンは、あなたのテイストが好きで集まっています。今までの売れ筋商品に加えて、もっといいものや高額なもの、あなたのこだわりが強いものにも興味を持ってくださるようになります。こだわりの１点ものや、数量限定などを作るようにしてみてください。もう手に入らないと思うと欲しくなるのがファン心理です。そうやって、だんだんと売れるものから売りたいものへとファンが移動をしていきます。そしてあなたは、あなたの好きなこだわり作品だけを作れるようになってくるでしょう。そうなると、制作意欲ももっと湧いてきますので、自信が出ていい作品作りにつながっていきます。

売れるものと売りたいもの

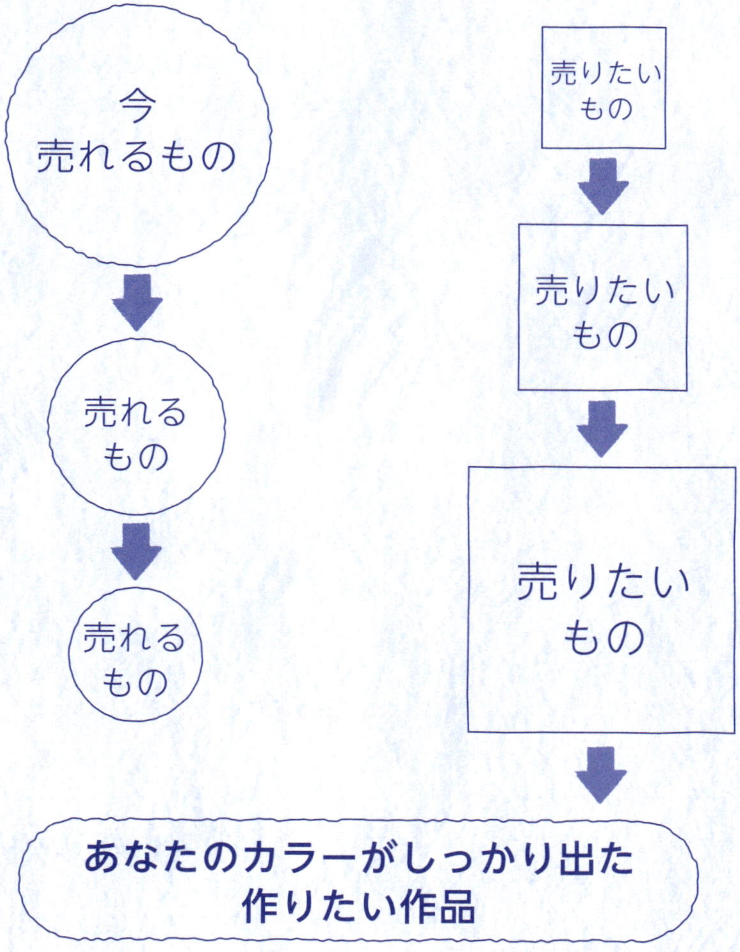
今
売れるもの
売れる
もの
売れる
もの
売りたい
もの
売りたい
もの
売りたい
もの
あなたのカラーがしっかり出た
作りたい作品

売りたい物と売れるものを平行して
販売。ファン化が進むとあなたが売
りたい物が売れるようになってくる

Lesson
03

季節や時期を考えた作品作りをしよう

時期を間違えると売れない

● 販売時期を間違っていませんか？

どれだけ一生懸命作っても、使用に季節を問うものは時期を外れると売れません。売れ時を逃すと、売り上げが激減します。

私の使用しているリネン素材は夏のイメージですが、年中着ていただけます。それを販売記事や普段の記事でしっかり説明をしているので、年中ご注文が入ります。自分の作品がどの季節や行事に使われるものかよく考えて販売しましょう。クリスマスの時期を過ぎたらリースは売れません。夏を過ぎたらカゴバックは売れないです。しめ縄も､お正月を過ぎたら売れませんね。

● あなたの可能性が広がる作品の作り方もあります

例えばこんな作品の作り方もあります。いつもはアクセサリー販売をしている作家さんは、七五三に合わせて髪飾りを研究して作ってみるのもいいでしょう。作品の幅も広がりますし、案外人気作品になることがありますよ。

実際に、私のセミナー受講生のグルーデコ作家と着物作家がコラボして帯留めを作って販売していましたが、完売していました。私は、リネンのハギレを使って、くしゅくしゅコサージュを作っていますが、入学卒業シーズンに作ると即売り切れます。昨年気が付いた時には完売していたので、1年待ちましたとおっしゃっていただけています。期間限定のいいところでもありますね。また、夏には「男性が振り向くモテシュシュ」というネーミングで販売したら、あっという間に100個が売れました。

● 作品の世界感を崩さず新たな事もやってみよう

あなたのテイストを崩さず、メインのものと関連性のある作品ならコーディネートしやすいので、お客様にも喜ばれます。私が急にベビー系のものを作ったら変ですよね……そういうことです。季節や時期、あなたの作品のコンセプトなどを、いつも頭に入れて作品作りをしましょう。

季節のあるものの売り方

季節のあるものはジャストシーズンに売り上げが伸びる

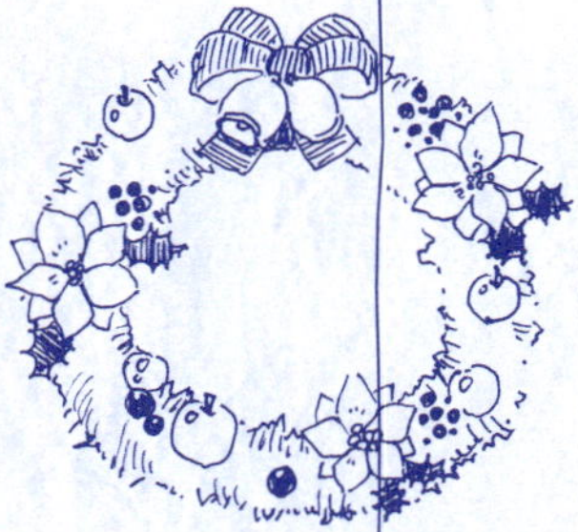

・春夏秋冬
・入学、卒業
・七五三
・クリスマス
etc...

あらたな発見

・アクセサリー作家 ⟶ 七五三の髪飾り
・服作家 ⟶ コサージュ（卒入学）
・グルーデコ作家 ⟶ 帯留

販売時期を逃さないように早め早めの行動を。季節や行事に合わせた作品にもトライしてみよう

lesson 04

あなたならではの作品を作る

ここにしかない特別感

● あなたにしか作れないものを作ろう

ファンはあなたから買いたいと思うので、何を作っても売れるかもしれませんが、誰でも作れそうなものばかりではあきられてしまいます。

ここにしかない特別感を出してみてください。あなたにしか作れない特別感があると、もっと引きつけられるのではないでしょうか。

例えば、もう手に入らないビンテージレースを使っている作品、手間のかかっている紡いだ糸で編んでいる作品、国内で売っていないものを使った作品など、1点ものや数量限定のものは特別感があります。

● 秘密の仕入先を持とう

私は、「どこで仕入れしているのですか？」とよく聞かれます。以前は取引していた布屋さんがあったのですが、廃業されたので、今はネットで買ったり、大手生地問屋でも買っています。

でも、実はそれだけではなく、秘密の仕入先があります。そこのオーナーさんが、市場に出回らないいいものを見つけてきて私に連絡をくださいます。目利きがすばらしく、信頼のおける方で、扱っているのは、一般の人には手に入らないとても高級なレースや上質なリネンなど、創作意欲がわくものばかりです。そんな特別な自分だけの仕入先を持っていると、他の作家との差別化がさらにできますよ。

● 販売も仕入れも人と人

このように仕入れひとつとっても、人とのつながりの大切さがわかります。外に出ていろんな方と知り合い交流を深めることが、自分ならではの作品に活きてきます。作品さえいいものを作っていれば売れるだろう。お茶会や交流会なんて苦手。と言っていては、作品は売れにくくなります。

販売は、人と人ですから。

あなたにしか作れない作品

私だけの
デザイン
手に入りにくい
布
1点もの
秘密の仕入先
海外のレース

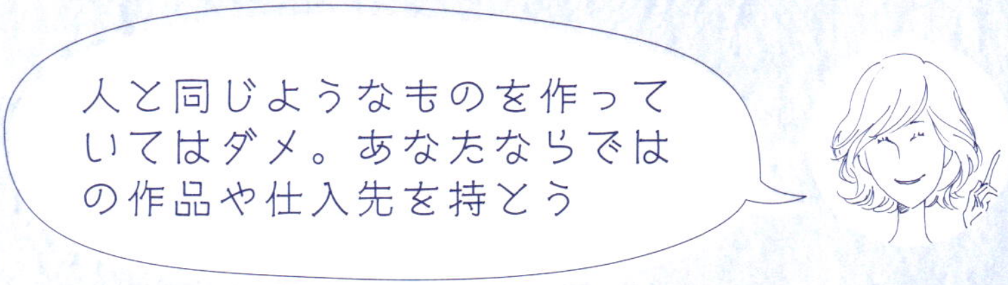
人と同じようなものを作って
いてはダメ。あなたならでは
の作品や仕入先を持とう

Lesson 05

オーダーはお客様のため？

実は自分の首も絞めている細かすぎるオーダー注文

● 購買意欲をなくす細かすぎるオーダー

オーダーで好きな柄、好きな布を選んでもらうほうがお客様が喜ぶ。そう思っている方が多いかもしれません。実は、お客様のためにとはじめた細かすぎるオーダーが仇となって、ご注文が入らないということがあります。細かすぎてお客様が面倒になるのです。

例えば、子供のスタイの裏表の生地が選べたり、お稽古バックの裏表と持ち手を選べたり、その組み合わせが何十通りとある。お客様の好みのものを作ってあげたいという作家の心づかいは、わからないでもありません。しかし、注文が複雑で面倒。しかもその組み合わせがどんな感じに仕上がるか、お客様は想像できないのです。

● ずっとキープしておかないといけない材料の問題

100円台、1,000円台の小物でそこまでのオーダーを受けていたら、注文の管理と布のキープも大変になります。材料の在庫が山のように必要でしょう。バッグや持っていると目立つもの、お洋服などのセンスがわかるものなら好みの布でオーダーして、作ってほしいと思うでしょう。でも、ずっと使うものではなく、汚れたら捨ててしまうような小さな消耗品は、青系、ピンク系、男の子用、女の子用程度に分類されているほうが買いやすいですね。

● 買いやすさは売り上げを伸ばします

細かすぎると、注文時に表はこの生地で、裏はあの生地でなどと、記憶しておかなければなりません。あなたのファンの方ならメモを用意して買ってくださるでしょうが、そうでない方は「他で探そう」と考えるでしょう。

お客様の手間をなくすことで、小物作家が実際に売り上げを伸ばしています。お客様のためにと思っていたことが、ご注文を遠ざけている原因になることもあります。お客様には手間をかけずに、買っていただきましょう。

あなたのセンスで作っちゃおう！

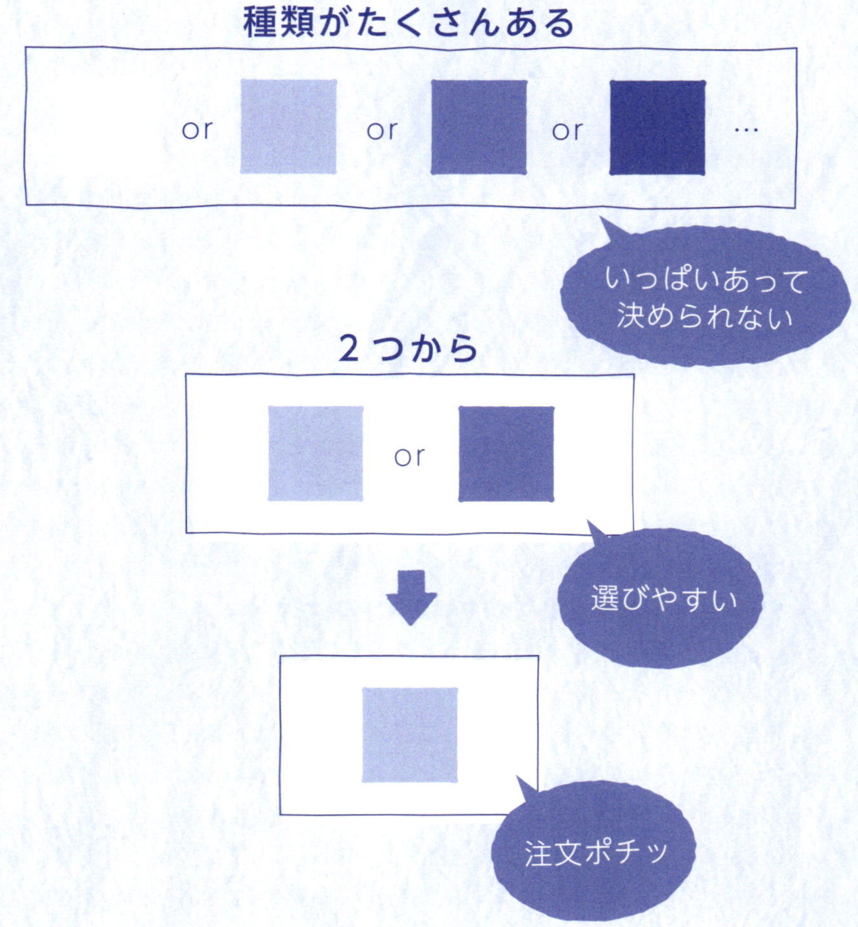
種類がたくさんある
or
or
or
…
いっぱいあって
決められない
2つから
or
選びやすい
注文ポチッ

細かすぎるオーダーでお客様の購入意欲をなくさないように。買いやすくすることがお客様への思いやり

Lesson 06

作った作品は試用していますか？

当たり前のことです

● 何日か試してみること

作った新作は、試していますか？　アクセサリーなら、着けてみて使用感や、金具の具合を見て、数日は試します。洋服も同じです。着心地や洗濯もして確認していますか？

私は、布を仕入れるとまず水通しをし、縫い上げてからも洗いをかけて型崩れや縮みの確認をしますので、お客様がご自宅で正しくお洗濯されるなら問題は発生しません。また、新作は必ず何度も着て着心地を確認します。試着してみて１日出かけて、型紙を改良したこともあります。

アクセサリーも着けてみてわかることがたくさんあります。バランスが悪かったり、金具の位置がおかしかったり、何日か着けていると金具の不具合も出てくるかもしれません。

● ハンドメイド作家全体の質を落とす行為です

ハンドメイド品を買って、着けようとした瞬間に壊れたとか、洗ったら着られなくなったなど聞きます。試作品を作らないで、ぶっつけ本番で売る行為はとても危険です。信用問題になります。たとえ何百円のものでも、お金をいただいたら作品はもう商品です。責任を持たないといけません。

安いからいいだろう。たぶん大丈夫。と、いい加減なことをしていると、次回の販売につながらないだけでなく、悪い口コミが広まってしまいます。価格が安いと作家本人にクレームはなかなか言いにくいと思います。言ってくれる方には感謝しないといけません。

いい加減なことをしていると、ハンドメイドは安くてすぐに壊れるというイメージがついてしまいます。それは、ハンドメイド業界全体の質も落とすことになります。あなただけの信用問題ではすみません。

試用は当たり前と思ってくださいね。

作品は試用しよう

何日か着用

不具合なし
金具もOK
丈夫
着心地OK！

作家本人が確認して当たり前のこと

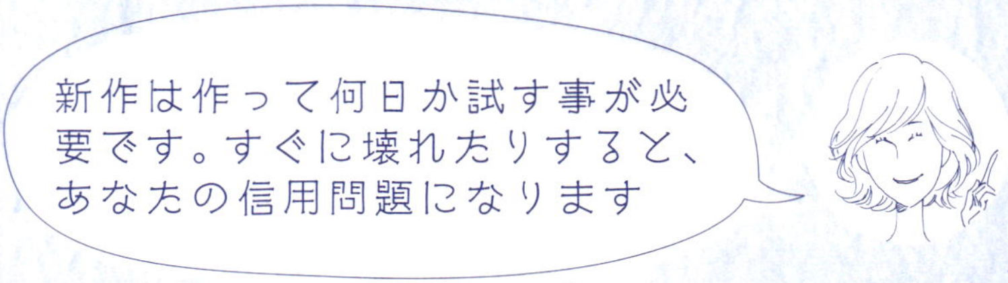
新作は作って何日か試す事が必要です。すぐに壊れたりすると、あなたの信用問題になります

Column

作品のアイデアはこんなところで生まれます

私はファッション雑誌をほとんど見ません。情報を入れないようにしています。同じジャンルのものって、見てしまうとインプットされます。マネになる可能性もあるので見ないのです。

北野武さんは、やはり人の映画を一切観ないそうです。真似ようと思っていなくても、インプットされるので、似る箇所が出てくるそうです。超大物を例えに出してしまいましたが……。

もう何年も前に、「あなたはなぜ情報を入れようとしないの？　だからダメなのよ」と言われたことがあります。それでも、昔から一番いいと思っているこのやり方を貫き通しています。

私がお洋服のアイデアを考えるところは、おしゃれなカフェです。奈良にお気に入りのカフェがあったのですが、閉店してしまいました。いつもフラッと行っては、スケッチブック片手にのんびりとお茶を飲んで、浮かんだアイデアを描いていました。

今は、岐阜にとっても好みのお店があります。遠いのですが、スキーの帰りに寄るのが楽しみになっています。近所にあったら、通ってしまいますね。私のブランドカードも置いていただいています。

雑誌や、服そのものを見てアイデアを巡らせるのではなく、おしゃれな空間に自分を置くことで、わいてくるアイデアを書き留めています。美術館や、山や森もアイデアが浮かぶ場所でもあります。メモ帳は欠かせません。

誰も考えないようなデザインは、形のあるものからは生まれにくいです。あなたはどんな風にアイデアがわいてきますか？　ゆったりのんびりデザインを考える時間は作家にとって幸せな時間ではありませんか？

8章

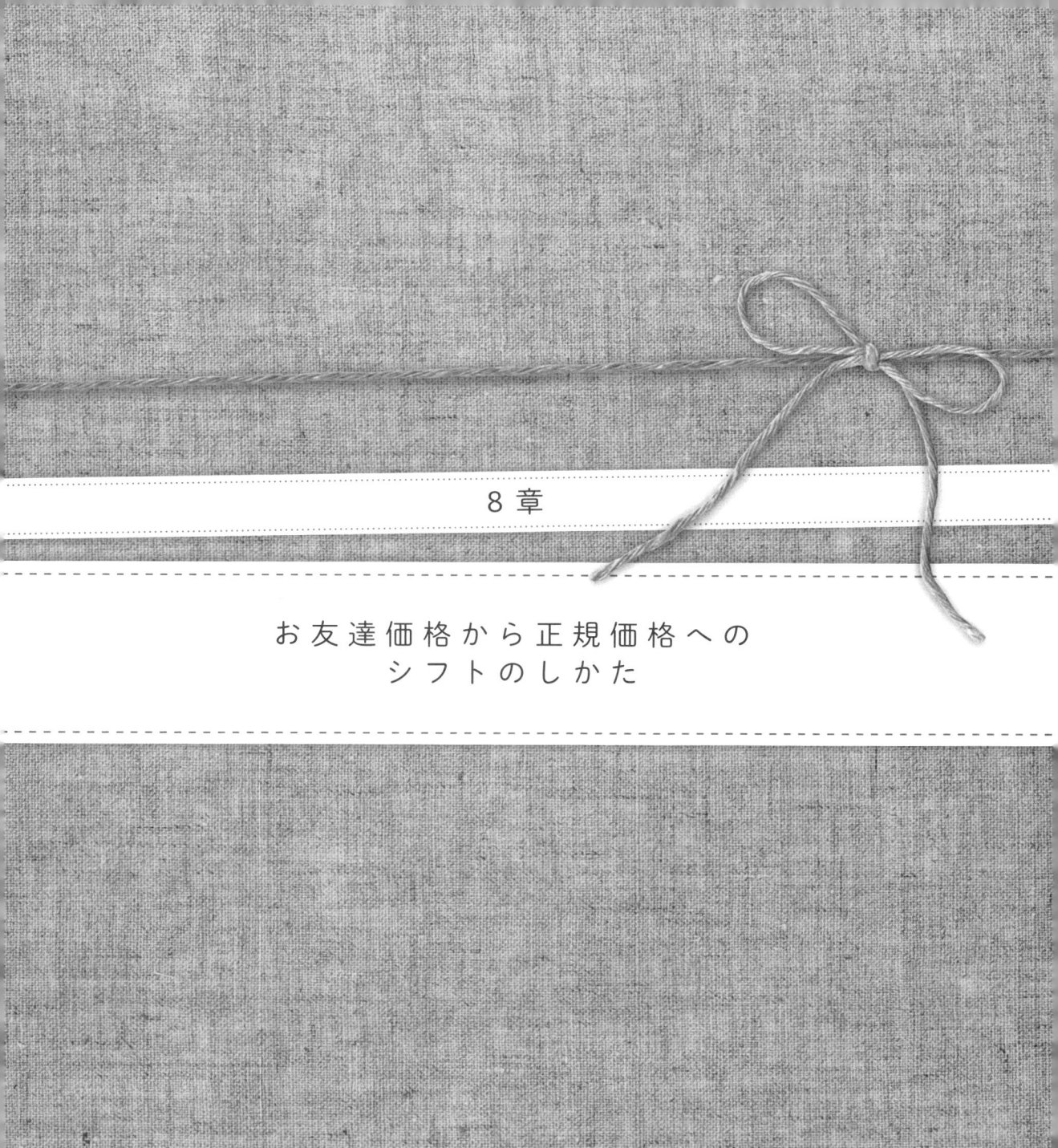

お友達価格から正規価格への
シフトのしかた

Lesson 01

お友達価格からの脱出

正規の値段をつけよう

● お友達価格は作品の価値を落とします

お友達価格は、値付けで多くの方が通る道ではないでしょうか。

私は、はじめからお友達価格にはしませんでした。お友達価格にする理由がないと思っていたからです。手間も時間もデザインのアイデアもすべてに価値があると、ハンドメイドをはじめた当初から思っていました。自分が生み出したものだからです。

それに、はなからお友達や身内をお客様にしようとは思いませんでした。収入になるので少しでも売りたいと思うでしょうが、一度おまけしてしまうと、元に戻しにくくありませんか？　身内を制覇したら、次はお友達、PTAのママたち……結局自ら獲得したお客様はいないので、すぐに限界がきて売れなくなります。

● 本当のお客様はまけなくても買ってくださる

正規の値段にするとお友達が離れていく不安があるので、そのままずっとお友達価格でいる……収入にもならず、苦しくなってくるのは目に見えています。だんだん作るのもイヤになってきますね。努力した分の報酬は当然、欲しいですから。本当にあなたの作品が欲しいと思うお客様は、安くしなくても買ってくださいます。作品の価値をわかってくださっているからです。

売れない不安から、安いお友達価格にして安心する気持ちはわかります。正規の値段で買ってもらえるには、作品のクオリティーは絶対に必要です。作品のクオリティーに自信がないのに、がんばってちょっと背伸びした値段をつけると、「買ってもらってすみません」という気持ちになりますからね。

一番は、お友達以外のお客様に買っていただけるあなたになること。そうなれば、問題解決は早いですよね。お友達から適正価格をもらいにくいと思うなら、はじめからお友達をお客様にしないことです。

お友達はあなたのお客様ですか？

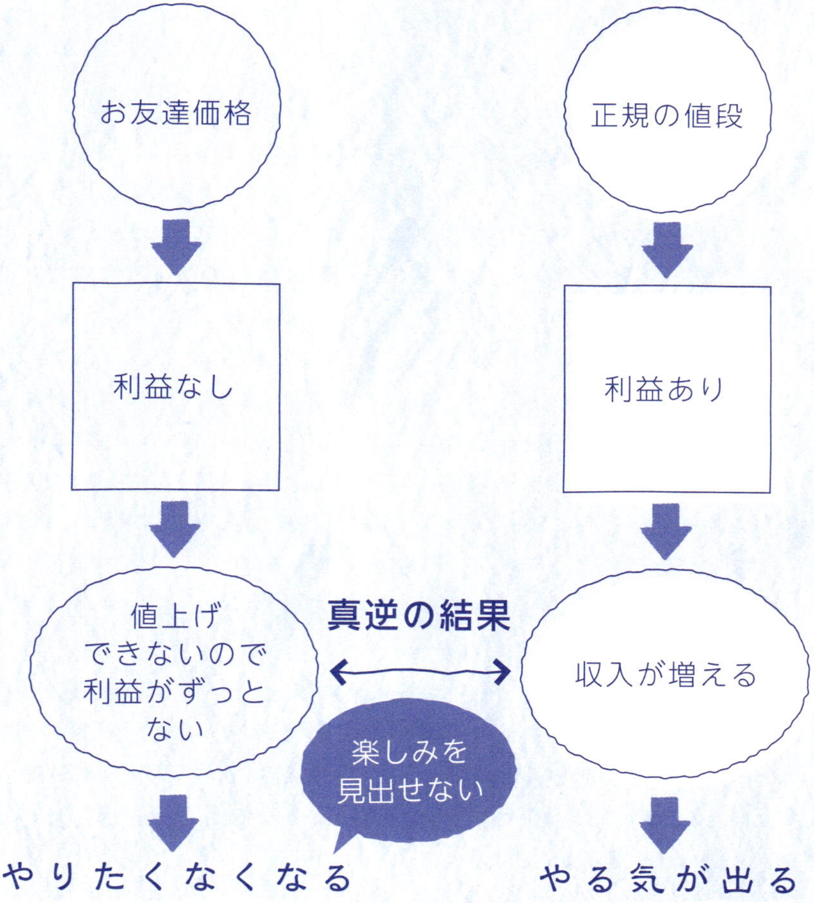
お友達価格
利益なし
値上げできないので利益がずっとない
やりたくなくなる
正規の値段
利益あり
収入が増える
やる気が出る
真逆の結果
楽しみを見出せない

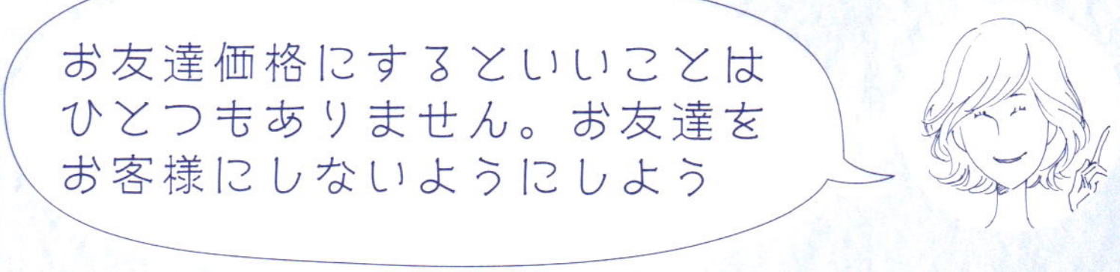
お友達価格にするといいことはひとつもありません。お友達をお客様にしないようにしよう

Lesson 02

どうして安く売っているのか考えよう

作品の価値を認めて

● お金をいただくことに罪悪感を持たないようにしましょう

前項でもお話ししましたが、がんばってちょっと背伸びをした値段をつけると、「買ってもらってすみません」という気持ちになります。お金はエネルギーです。自分の出したエネルギー分の対価としてお金をいただくことに罪悪感を持たないようにしましょう。

お金をもらうことが申し訳ないと思う理由はなんでしょう。自分や作品に自信が持てないのでしょうか。作品を売りたくないほど愛していないのでしょうか。あなたの作品をあなた自身が評価しなければ、誰も評価してくれません。自信のないものをお客様に販売するのは、とても失礼なことです。申し訳なさそうに販売するものは、作家として絶対あってはいけないですよね。

あなたの時間もアイデアも、価値のないものではないはずです。作品に費やした時間、生み出したアイデアは、とても大事なものです。

● 値段に見合ったお客様が集まる

売れない理由に、安すぎるということもあります。安い価格のものは、それなりのお客様が買われます、ある程度の価格のものは、厳選されたお客様が買われるように思います。スーパーのお客様と、百貨店のお客様は違うと思いませんか？　作品の価値を自分で評価するなら、百貨店のお客様に買っていただくことを目指しませんか？

● 安売りはあなたの価値も落とします

６章で、自分の見せ方について書きましたが、あなたの良さも価格の一部です。あなたから買いたいと思う理由は、あなたがステキだからです。価格を安くしているということは、あなた自身の価値も下げているのです。安いものを作っている作家と覚えてもらうより、ここにしかない特別なものを作ってくれる作家だと覚えてもらえる方がいいですよね。

あなたの時間やアイデアを軽く見積ってはダメ

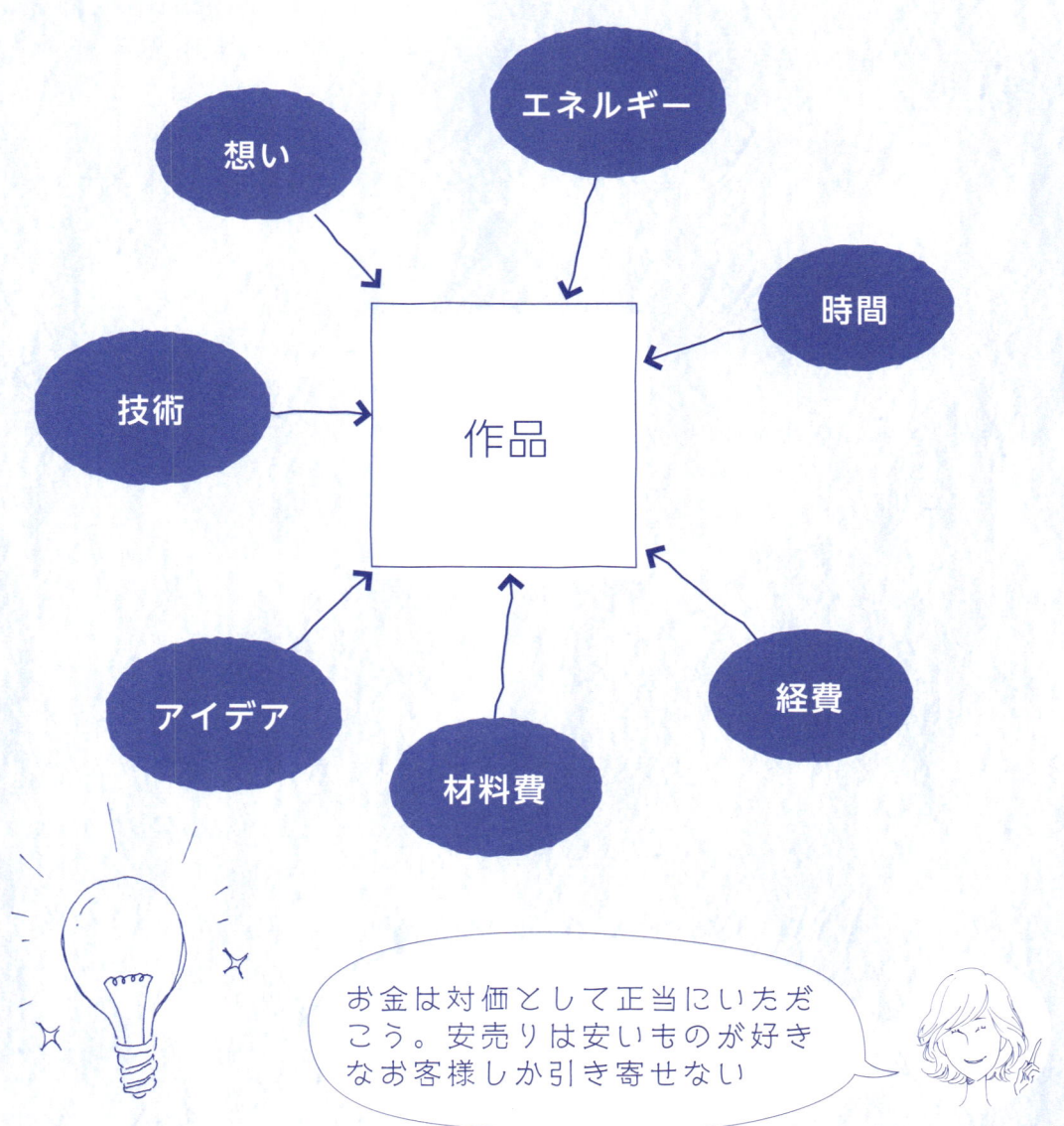

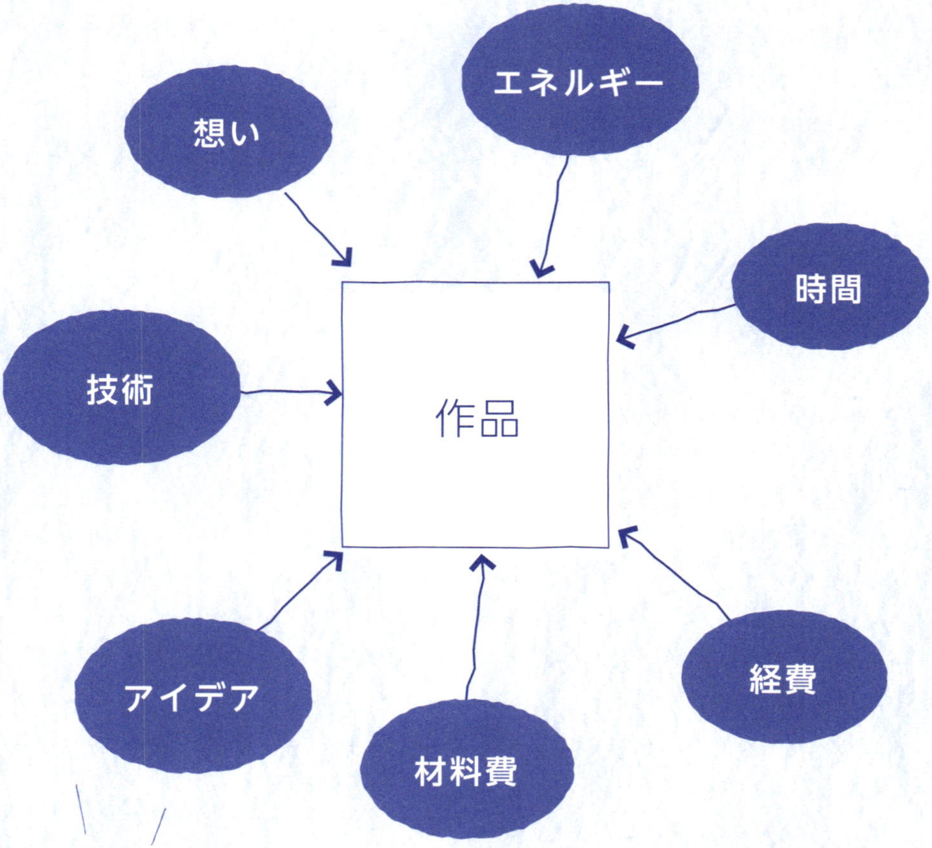
想い
エネルギー
時間
技術
作品
アイデア
材料費
経費

お金は対価として正当にいただこう。安売りは安いものが好きなお客様しか引き寄せない

lesson

03

値段のつけ方

材料費だけでなく、経費や時給も反映させよう

● 実際に計算してみましょう

値段のつけ方は、本当に難しいですよね。私も何度となく悩みました。お客様が買いやすい価格帯は、どうやって割り出したらいいのでしょうか。

はじめは、物理的に考えましょう。作品にかかった費用を価格にプラスします。材料費、材料を買いに行った時の交通費、時給、ネットで仕入れたなら送料、作品を包装するラッピング代などです。結構、経費がかかっていますよね。あなたの作品の価格は、大丈夫ですか？

● 経費をかけすぎていませんか？

以前、アクセサリー作家さんの作品を購入しました。届いたアクセサリーの包装がマトリョーシカのように、開けても開けても出てきませんでした。2,000 円台のアクセサリーに、ラッピング代をいくらかけているのだろうと思いました。ラッピング代も 1 つだけなら少額ですみますが、長く続けていこうと考えているのなら、キチンと価格に反映させる必要があります。

この経費を価格に反映させてみると、さて、いくらつけないといけないでしょうか。安くつけてまいけないのはわかりますよね。会社ならたちまち破産です。ちょっとの積み重ねが、大きな出費になります。何百円のことだと気にとめないでいると、後々大変なことになります。

● 何気なくしている事も経費かもしれませんよ

いつもどこで仕入れていて、それにはどれだけの経費がかかっているのかを把握して、価格の見直しをしてみてくださいね。また、経費だけでなく、あなたのアイデア（デザイン）料も入れるようにしてください。どこにもない特別なものを作るのですから、それに見合った価格をつけましょう。

厳密に計算すると、案外自分が安くつけていることがわかります。経費を安くあげることも考えるといいと思います。

安売りしていないですか？

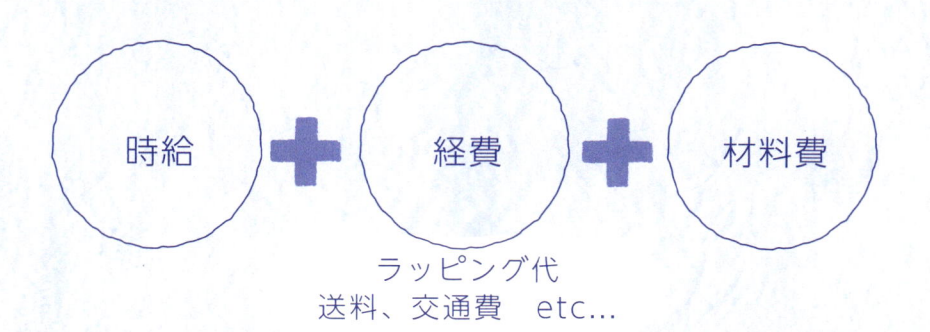

時給 ＋ 経費 ＋ 材料費

ラッピング代
送料、交通費　etc...

↓

作品価格

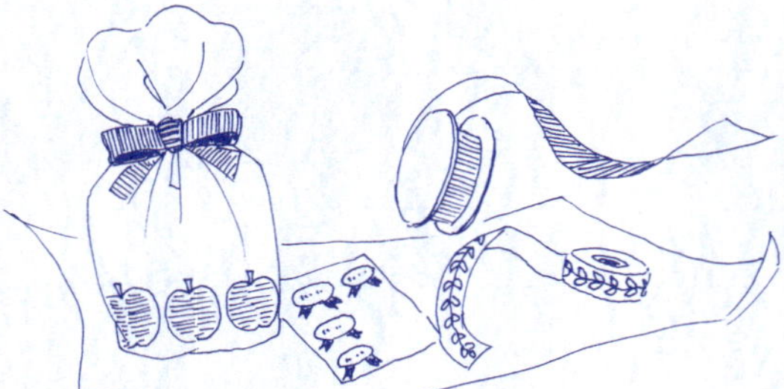

小額の
ラッピング代も
立派な経費

値付けに悩んだらはじめは物理的に
考えよう。ゆくゆくはあなたのデザ
イン料も入れて販売できるように

lesson 04

値段を上げるタイミング

経験とともに上げていこう

● 価格はどんな風に変化させていくのか

私自身、作品の価格ははじめた当初から変わってきています。15年もたてば物価も変わり、作るものも自分の年齢とともに変化しています。もちろん、軸となるコンセプトは変わっていません。

はじめて自力でネット販売をはじめた時、スタートの金額はワンピース3,500円でした。ネットオークションだったので、3,500円で落札されるものもあれば1万円を超えるものもありつつ、毎回、出せば完売していました。

● ニーズを調べてみよう

ネットオークションでは、いろんなニーズを発見できました。価格が上がるものは、店舗であまり売っていないものでした。例えば、ウールのワンピースや、大きいサイズのものに高値がつきました。様々なものを出品してみてニーズがあるものを調べ、研究したのです。

このように、価格が高くてもお客様が欲しいと思うものは何か、日々研究することが大事です。そうすれば、あなたの作品の何に特別感を感じて、高い価格でも購入したいと思われるのかわかりますね。

● どんな時に価格を上げればいいのか

価格の上げ時は、人気（行列ができる）が出てきた時。どんどん注文が入ったり、出せば売れる状況になった時です。それなのに安い価格で作っていると、忙しいばかりで利益は薄く、しかもプライベートな時間が作れなくなります。価格を上げると注文数が減るので、少ない時間で効率よく作れるようになると思います。また、新しい作品を作った時なども値上げはしやすいです。今までと違った目新しいデザインだと、価格設定は自由にできますね。

上げ幅などは、これくらいとは一概に言えません。最終的には一般的なアパレル原価率の30％を目指すといいのではないかと思います。

価格は時代とともに上げよう

技術が
上がる

新しい
デザイン

ニーズが
あるものを
知る

行列が
できる

価格を上げる時

↓

**新しい
価格設定**

高くても欲しいと思われるものは
どんなものかリサーチをしよう。
行列ができた時に値段をあげよう

lesson 05

付加価値をつけよう

世界にひとつしかない

● あなたが作るから価値がある

ハンドメイド作品は、自分で自由に作れるものです。材料も自由なので、世界でひとつのものが出来上がります。

それも、あなたが作るとあなたという付加価値がつきます。作家によって仕入れも違う、作るものも違いますから、あなたのカラーが強く出せます。

経費を反映した値段設定は当たり前。付加価値というのは、それにさらにプラスの価値があると思われることです。

あなたにしか作れないものはなんですか？

● 人と違うところは何ですか？

例えば、ビンテージのレースを使ったり、海外のパーツを使っていたり、滅多に手に入らないリネン生地を使っていたりすると、他の作家さんとの差別化が図れます。自分だけが扱っているものや、自分だけの作り方、こだわっている縫い方など、他の作家さんがやっていない作品を作ればお客様は特別感を見出せるので、付加価値として価格に反映させることができます。

● あなただけの考え方で価格をつけられる

付加価値は、たくさんの作家があふれている今、価格競争に巻き込まれない利点です。同じアイテムを作っていると、お客様もあなたもどうしても比べてしまいます。お客様に他の作家とは違うということをわかっていただかないと、買ってもらえません。また、買いたいと思われるようになれば、価格を低くする必要はないですね。あなたのキャラも付加価値となるのです。

1点ものを作るのもおススメです。もう2度と作れないなど、これを逃したら手に入らないものを作ってみるのもいいと思います。付加価値を大きくつけられますし、お買い上げいただいたお客様も優越感があるのではないでしょうか。あなたらしさと、作品の特別感を大切に考えてみましょう。

世界にひとつしかないもの

あなたが作ってる
他の作家がやっていないコト
めずらしい材料を使っている
作品

付加価値をつけよう

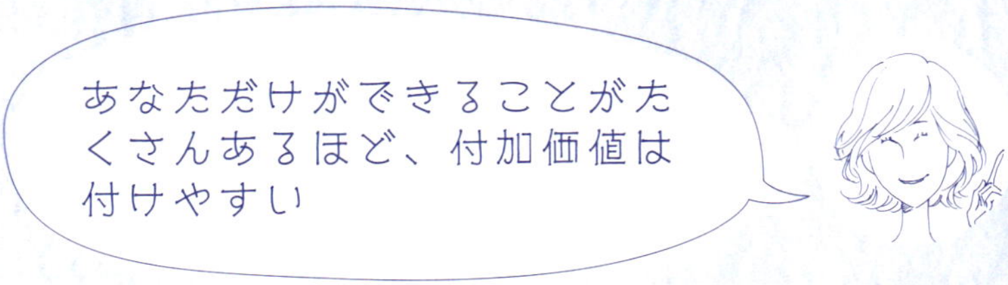
あなただけができることがたくさんあるほど、付加価値は付けやすい

Lesson 06

無料で作品を配ること

作品の価値を下げています

● 誰も喜ばない

たまに見かけるのですが、参加したお茶会などで自分の作品を無料で配る方がいます。特にアクセサリーなどの小さいものを作っている作家さんに多いです。

小さいものだし、タダだからいいだろう、喜んでくれるだろうと思うのは配っている作家本人だけです。それは自分の作品の押し売りになります。本当にいらない方もいるので、迷惑になります。

● 逆効果です

単価が小さいからコストもかからないし、自分の宣伝になる。と思って配っても、迷惑と思われたら逆効果です。あなたが好きで作っている作品かもしれませんが、相手の好みもありますからね。嫌われてしまう可能性があるだけで、次の販売にはつながっていきません。

無料で配ればもらってくれると思うのは、配りたいという自己満足だけなんです。他人に迷惑をかけて自分の欲求を満たすことは、相手のエネルギーを奪っているのです。いいことは何ひとつありませんね。

● 本来の仕事を忘れないで

また、注文した作品よりサービス品が立派だと、お客様にはお金を出して買った作品の価値が下がって見えます。そんなのにお金をかけるなら、肝心の作品にもっとコストをかけてよ、とお客様は思うのではないでしょうか。

よろこんでもらえるのは、そんなサービスではありません。本来の自分のやるべきことをキチンとしましょう。

無料で配るのはサービスではありません。対価をいただいて、欲しいと思っている人に必要なものをお届けしましょう。やりすぎないということも忘れないように。

無料で配ることは何も生み出さない

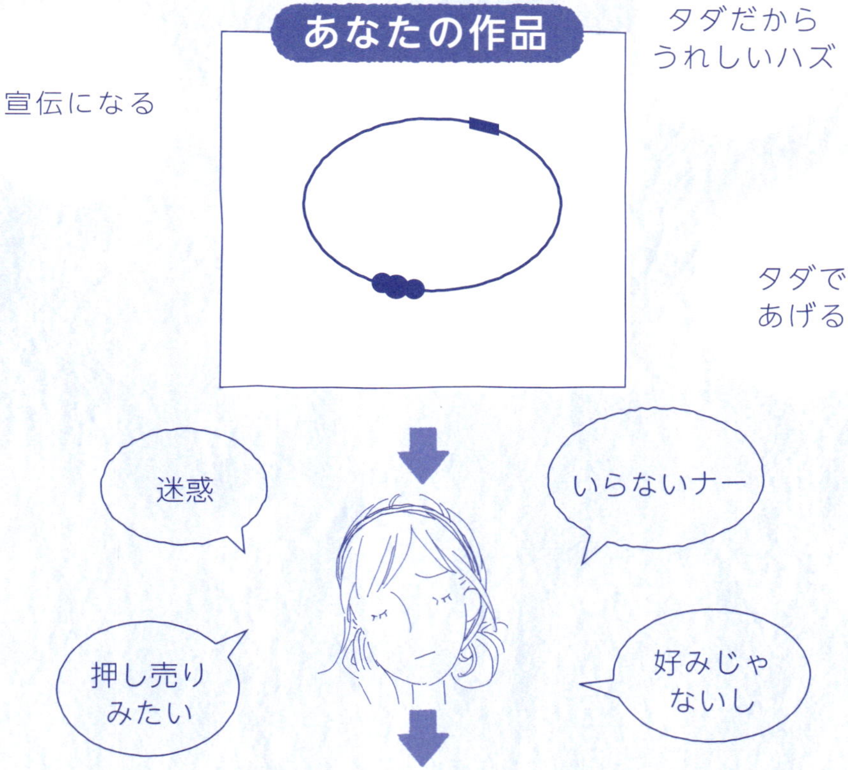
あなたの作品
タダだから
うれしいハズ
宣伝になる
タダで
あげる
迷惑
いらないナー
押し売り
みたい
好みじゃ
ないし

次の販売につながるどころか
嫌われる可能性もあります

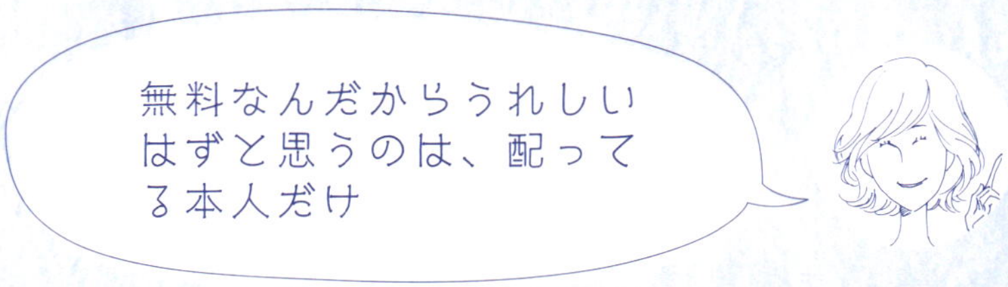
無料なんだからうれしい
はずと思うのは、配って
る本人だけ

Column

コピーはどこまで大丈夫なのですか？

セミナーで、「マネはどこまで大丈夫なのですか？」とよく質問されるのですが、

・本の型紙で作った服を販売
・他の作家さんの作品のマネをして販売
・キャラクターの布を使ったものを販売
・商用使用禁止の布を使った物を販売

これらはすべてアウトですが、はじめの「本の型紙で作った服を販売」は、ちょっと形を変えたらいいですか？　と聞かれたことがあります。

そもそも、なにかを見て参考にしないと作れない時点で、作家として失格ではないでしょうか。それは、オリジナルではないですよね。作家は、自分で生み出すものではないでしょうか？　アイデアはわいてくるものです。

私はそのような著作権について知っている弁護士ではありませんので、お答えはできません。ブログのコメントでも質問が来たことがあります。

でも、よく考えたらおかしな話です。何かを見て作ったら、それはもうマネです。オリジナルではないものを、どれだけ変えたらオッケーかという問題ではないのです。

また反対に、「マネされたのですがどうすれば？」と質問されることもあります。どう見てもソックリなら抗議をしましょう。イヤだということはハッキリお伝えする方が、モヤモヤせずにすみますから。一度お伝えしたら、もう気にしないことです。所詮エセですから。また、新たな作品に取り掛かりましょう。

どちらにしても、作家としてのプライドは持ちましょう。

9章

作品の良さや思いが伝わる
売れる販売記事の書きかた

lesson 01

なぜお金を払ってくださるのか考えよう

お客様がお金を払う理由

● 悩みが解決するからお金を払う

お金を支払うのには、理由があります。腰が痛いので治してもらうために接骨院にお金を払ってみてもらおう。髪の毛が伸びてきたから切ってもらうために美容院にお金を払おう。やせたいのでダイエットのために専門家にお金を払って指導してもらおう。このように、悩みを解決してくれるからお金を払います。

ものを買う時も同じです。私の販売している洋服は、S ～ 3L までお作りできます。以前、「助けてください！　着る服がないんです！」と、メールをいただいたことがあります。3L のフォーマルが早急にいるのに、どこにも売っていなかったそうです。至急お作りして、お届けしました。

この例のように、多少値段が高くても悩みを解決してくれるならと、お金を払ってくださいます。

● どんな悩みに寄り添えるのか

では、あなたの販売している作品は、お客様のどんな悩みを解決するのでしょうか。例えば、他では売っていない、「世界観が好き」「共感できる」「おそろい」などが購入理由として挙げられると思います。おそろいとは、憧れの作家のあなたとおそろいのものを着たい、身につけたい、持っていたいと思うことです。ファンはあなたに近づきたいと思うので、同じものを持ってるのが嬉しかったりします。また、未来が見えることも大事です。それをやってみたり、買ったらどんなふうにいいのか、どんな自分になれるのかを、お客様が想像できる要素です。何の変化も想像できず、気持ちも動かなければ、お客様は買いません。それらが伝わる記事を書くことが重要です。

あなたの何が決め手となって、作品にお金を払ってくださるのか考えてみてくださいね。

お客様のどんな悩みを解決していますか？

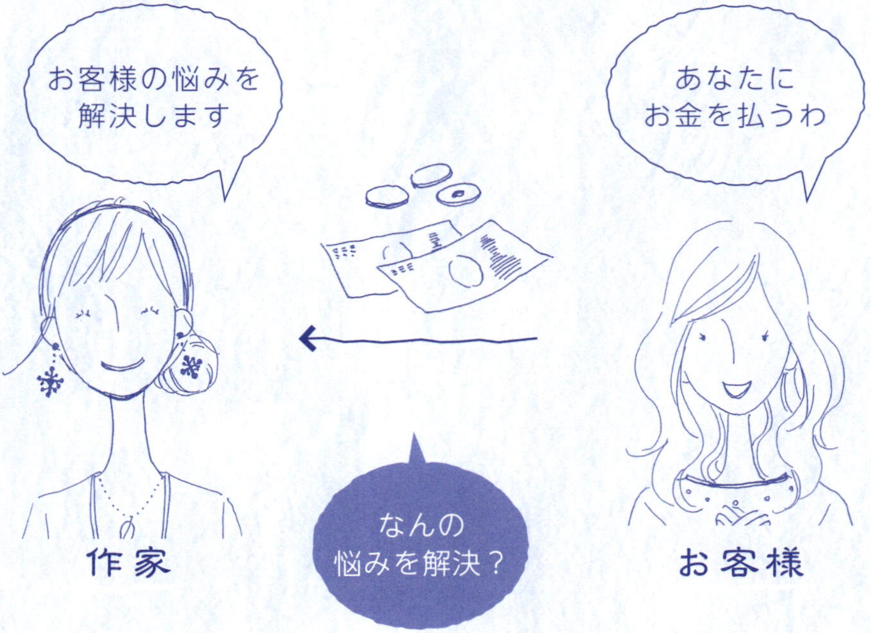
お客様の悩みを解決します
あなたにお金を払うわ
作家
なんの悩みを解決？
お客様

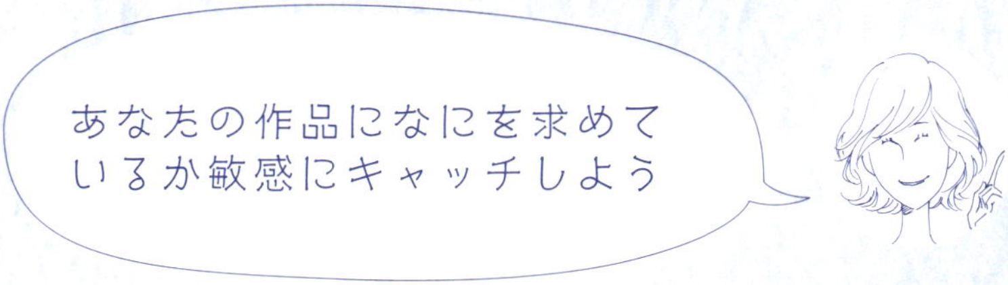
あなたの作品になにを求めているか敏感にキャッチしよう

lesson 02

タイトルの重要性

思わずクリックしたくなるタイトルをつけよう

●「どんな」を入れよう

タイトルは、普段のブログ記事でも大事です。タイトルを見て、思わずクリックしたことはないですか？

「セミナーに行ってきました」「イベントに行ってきました」「講座をしました」など、やったことを機械的に書いているだけのタイトルには魅力がありません。自分の感情や気がついたことなどをタイトルに入れると、共感した方や興味を持った方は思わずクリックします。

ブログは、ただ発信しているだけでは、見に来てくださる方がだんだん少なくなってきます。見に来てもらえなければ、やっている意味はないわけです。クリックしたくなる！　そんなタイトルを意識してみてくださいね。

● 何を売っているのかわかる

販売記事も同じです。ただし、あまりインパクトを求めすぎると何を売っているのかわからなくなるので、注意してください。

販売記事のタイトルは、「何を紹介」しているのかわかることが重要です。服なのか、イヤリングなのか、バッグなのか。そして次に、「どんな」服やイヤリングなのか、わかることです。

● どんな特徴があるのか

例えば、私のメニューの中で人気なのが、洗えるフォーマルです。市販のフォーマルは家で洗えないものがほとんどです。「洗えるフォーマル」はインパクトがあります。「高級レースなのにおうちで洗えるフォーマル」「便利！　おうちで洗えるフォーマル」など、タイトルに入れています。これは、「どんな」に当てはまります。「何を紹介」は、黒リネンワンピースです。

あなたの作品には、いったいどんな利点があるのか、どんな特徴があるのか、どんなイメージなのか、伝わるフレーズを考えてみてくださいね。

タイトルで売れ方も違う

どんな ＋ ものの名前 ＝ **タイトル**

キーワードやフレーズをたくさん出して いい組み合せを考えよう

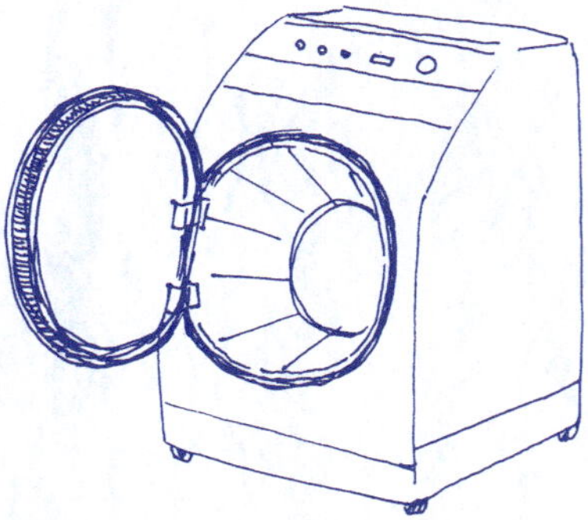

洗える

＋

フォーマル

＝ 便利！おうちで洗える
フォーマル

どんなものを販売しているの
か伝わるタイトルにしよう

Lesson 03

写真の撮り方の極意

作品は写真が命！　下手なら売れません

● イメージできるような写真が大事

ネットで作品を販売するなら、写真はとても重要です。女性は文字を嫌う人が多いようです。何かを買う時は写真を見てイメージをふくらませ、自分に合うか、自分がつけたらどんな感じになるかを想像します。なので、写真が魅力的でないと売れにくいのです。

● あなたがものを買う時、何を見るか考えてみましょう

よく見かけるのが、全体写真１枚だけを商品説明に載せている方。とても不親切です。自分がものを買う時、どうするか考えてみてください。手にとって顔に近づけて見ませんか？　その時に、裏返してチェックしませんか？　パソコンの前のお客様も、きっとそうやって見たいと思います。

手にとって見ているかのような写真をたくさん用意しましょう。細かく作品を撮る必要があります。全体はもちろん、アップや裏側、パーツのひとつひとつが見えるアップ写真、布なら生地のアップですね。実際に見られないお客様に伝わるように心がけてみましょう。また、実際に着用している写真も撮りましょう。

● 明るく作品のイメージがより伝わる写真を心がけましょう

撮り方のコツは、まずは明るく撮ること。夜の蛍光灯の下はNGです。晴れている午前中の光が、とてもやさしい雰囲気に撮れます。室内なら背景にも気をつけましょう。また、作品のイメージに合った室外で撮影してみるのもいいですね。草木、花などを背景にしても素敵に仕上がると思います。どこで撮るにしても、写真全体の統一感を忘れないようにしましょう。

また、おしゃれに仕上げようと気合が入りすぎて、作品と合わない小道具を添えて損する場合もあります。小道具は、好きなものではなく、作品を引き立たせるものを使いましょう。

写真は重要

極意

・全体
・明るく
・表裏
・アップ
・パーツまで
・着画

etc...

写真の良し悪しで
売れ行きが変わる

実際に手にとっているかのように撮る

全体

背面

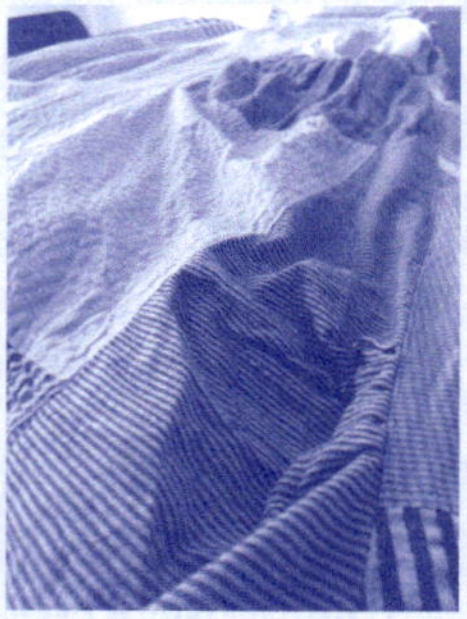
アップ

裾

買う時に自分ならどこが見たいかを
考えて写真を撮ろう。どうすればき
れいに撮れるのか日々研究しよう

lesson 04

お客様の知りたいことは何か

特徴・利点・利益

● お客様にいい情報を伝えましょう

販売記事では、作品の特徴、利点、利益をしっかり書くことが大事です。

特徴とは、他のものとの違いです。他と比べて特に目立ったり、際立つ点です。利点とは、実際にできる有利な点、いいところです。利益とは、得られる未来、これを買ったらいいことがあるという点です。その3つを私は必ず入れています。

大好評のコサージュを例に挙げると、特徴としては、「いかにも着けている感じではなく気軽に着けていただけ、何にでも合わせやすいです」と説明文を書いています。利点や利益については「洋服はもちろん、ストールや帽子、バッグなどにも合わせて楽しんでいただけます」や、実際使っていただいた方のご感想を載せています。

「新作が出るとつい買ってしまいます」「つけていても抵抗がありません」などのご感想は、買った後の未来がどうなるのかが想像できるので、買いたくなる要素のひとつになります。ご感想がなければ、モニターさんを募集するといいですよ。買いやすい価格にして数量限定などで販売し、ご感想を必ずいただけるという条件をつけてみてください。

● 記事は進化させよう

ご感想をいただけたら、随時記事に足していきましょう。販売記事もはじめから完璧でなくていいのです。書き換えたり、補足したり、進化させていってくださいね。

いい写真が撮れたら差し替えてみてください。私は写真を差し替えて、ワンピースが完売になったことがあります。はじめはトルソーに着せた写真でしたが、まったく売れませんでした。それを私が実際に着用している写真に差し替えると、その日のうちに完売しました。写真の大切さがわかりますね。

3大要素を入れよう

特徴

他のものとの違い・
比べて特に目立つ点

利点

実際にできる有利な点

利益

得られる未来。
買ったらどうなる？

販売記事にはすべてのことを
書き込もう。記事はどんどん
進化させていこう

lesson 05

疑問を持つと買わない

不安要素をなくそう

● 不親切な記事でお客様を逃していませんか？

記事の中に「これってどういうことなんだろう」「わからないところがあるな」など疑問を持たれると、お客様は買いません。わからなければ問い合わせてくれるだろうというのは甘い考えで、他の方が作っている同じものを探そうとするので、せっかくのお客様を逃してしまいます。

お客様に手間をかけさせるようなことをしていては売れません。実際、あなたがネットでものを買う時に、疑問に思ったショップで買わないのではないでしょうか。問い合わせてみるのも面倒なので、別のところで同じものを探そうと思いませんか？

● 知りたい情報が全て書いてあること

わからないという不安材料を作らない記事作りが大事です。知りたい情報がすべて書いてあるか、そこで手にとって見ているかのような写真が並んでいるか、ひとつの記事で作品の詳細がすべてわかるかどうかです。

作品の紹介の仕方も重要です。淡々と紹介しているのではなく、どういいのか、買えばどんないいことが待っているのかなど、詳しく書きましょう。

また、作品の色や取り扱い方の注意点、サイズや素材、発送方法、送料、振込先、納期などは、必ず記載しましょう。

返品交換についても、あなた自身が決めたルールを提示しておくことが大事です。そうしておけば、トラブル防止やクレームなどに迷うことなく対応できるので、しっかり考えておくといいですよ。

また、誰が販売しているのかわかるように、特定商取引法に基づく表記もHPなどに記載しておくことも忘れないようにしましょう。

知りたい情報がすべて記事内にあることで、お客様には安心してお買い求めいただけます。不安材料をなくすことを心がけるといいですよ。

お客様は問い合わせしてまで買わない

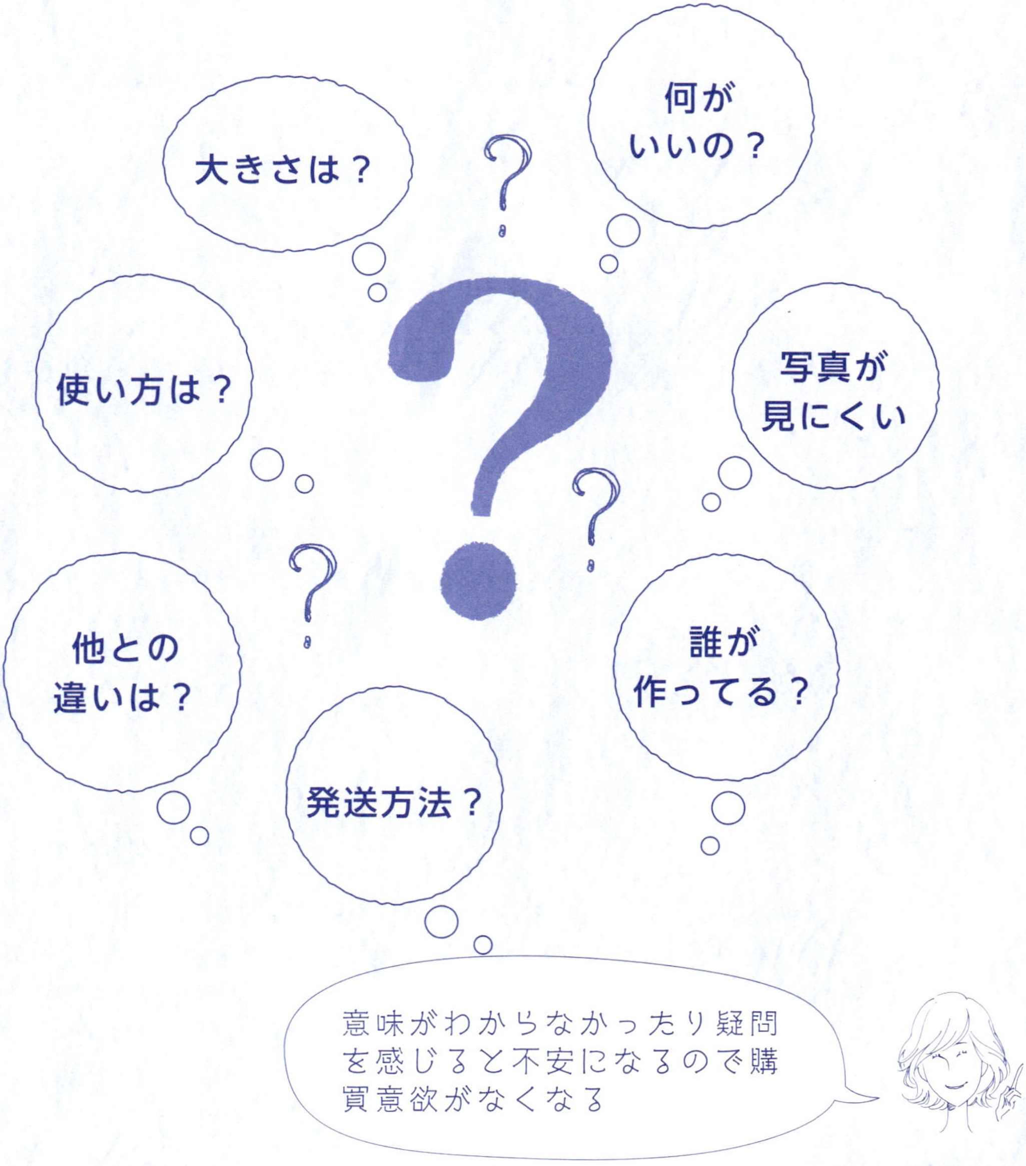

大きさは？
何が
いいの？
使い方は？
写真が
見にくい
他との
違いは？
誰が
作ってる？
発送方法？
意味がわからなかったり疑問
を感じると不安になるので購
買意欲がなくなる

lesson 06

記事はいきなりパソコンに書かない

順を追ってノートにまず書いてみよう

● ノートに書くと組み立てやすくなります

販売記事は結構長くなるので、いきなりパソコンで書きはじめると、何から書いていいのかまとまらないと思います。しかも、せっかく書いたのに消えてしまったり、考えながら書くので時間ばかりとられてしまい、一向に進まないということにもなりかねません。販売記事を書く前に、頭の中を整理するためにノートに図で書いてみるとわかりやすくていいですよ。私はセミナーの組み立ても、まずはノートに書いて図面にして考えています。

小さいノートより大きいノートに書くほうが、全体がわかるのでおすすめです。私はスケッチブックに書いていました。大きいスケッチブックだと、パソコン画面に見立てることができるのでとてもやりやすいです。パソコンで書いているかのような感覚で書けるので、その後の実際のパソコン作業もやりやすいですよ。

● 流れを把握しやすいです

まずは、ざっと流れを箇条書きします。写真の配置も一緒に考えましょう。

作品紹介（特徴、利点、利益）、お客様のご感想など、紙にどんどん書き出します。書いていると、いろんなことを思いつきます。

また、全体の流れがわかり、記事の長さや足らないところも発見しやすいです。仕上げのパソコンでの清書はノートから写すので、２度目の確認となり、記事も確かなものになります。記事の中の間違いや、わかりにくい表現などは、書いている時に案外わからないものです。大事な記事は、一晩寝かせてから翌日見直すと、わかりにくい箇所や間違いが見つけやすくなります。

一番いいのが、内容をまったく知らない誰かに読んでもらうことです。特に中学生くらいの子供さんに読んでもらうといいですよ。それで伝わらなければ、女性のお客様には伝わりにくいです。

販売記事はまずノートに

パソコンで清書しましょう

書くことで頭の中が整理される。ノートからパソコンへ写すときに新たな発見もある

lesson 07

買いたくなる流れ

お客様にワクワクしてもらおう

● テレビショッピングで研究するのもオススメです

ジャパネットたかたのテレビショッピングを見たことありますか？　あの買いたくなる流れとジェスチャーは、よく考えられていると思います。何度もくり返すフレーズや強調する場所。ここというところで出てくるお客様のご感想。あの一連の流れは、とても勉強になります。なぜ、あれだけ売れているのかと何度も見て研究すると、思わず買いたくなる箇所はここだとわかってきます。私は、あの流れを使って販売記事を書いています。

● 申し込めば自分がどうなるかが想像できること

まず、女性は自分と置きかえてみるのが得意なので、ハンドメイドの場合は実際に身につけていたりする写真があるほうが断然購買意欲が増します。ダイエットならビフォーアフター、お教室なら楽しそうな授業風景など、実際に体験するとどうなるかが想像できる写真を載せるようにしましょう。

● 逃げ道をたくさん作るとお客様はもどって来ません

記事の合間にリンクがたくさんあると、すべて逃げ道になってしまいます。パソコンが苦手な方なら、ブログに戻って来られなくなる場合もあります。送料や所属の協会、材料の説明などのリンクをよく見かけますが、送料はコピーして記事内に貼り付けてください。協会や材料などはリンクで飛ばす必要がないように思います。お客様が迷子にならないようにしましょう。

● 作品のよさをしっかり伝えよう

一番重要なのが、作品がいいものであると思われる流れです。タイトルで引きつけて、作品の良さ→自分のブランドの紹介や想い→他にはないオリジナル感→使い方のバリエーションやコーデで具体的に想像できるようなシチュエーションの説明や写真→ご感想で自分が使えばどんな未来が待っているのかというワクワク感。記事はだんだん盛り上げるように書くのがコツです。

欲しくなる気持ちを盛り上げよう

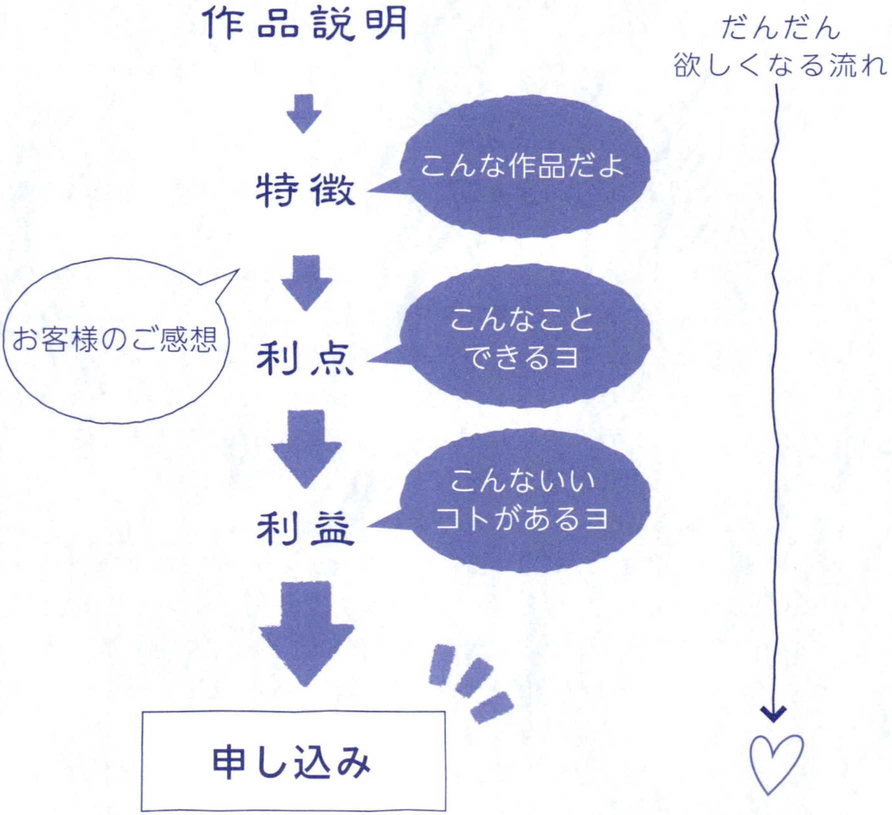

作品説明
特徴
こんな作品だよ
お客様のご感想
利点
こんなこと
できるヨ
利益
こんないい
コトがあるヨ
申し込み
だんだん
欲しくなる流れ

思わずあいたくなるフレーズや
流れを考え、お客様を逃さない
記事作りを心がけよう

Column

上手に書けなくても伝わる文章を書こう

販売を自力でやっていこうと思えば、販売記事で自分の作品の良さをしっかり書けないといけません。でも、文章を書くのが苦手という方もいます。

記事は、価格の価値をしっかり伝えること。作品の良さなど、文章で伝えるしか方法はありません。でも、まずは伝わる文章を意識するといいと思います。

よく何かに参加したレポートってありますよね。お茶会やランチ会、セミナーなどの参加レポを書く時に、詳細に伝わるように書いてみようと思ってください。普段の記事で練習するといいですよ。

気持ちの伝わらないレポで「行ってよかったです」「楽しかった」「また行きたい」というものを見かけます。このような軽い記事を更新していたら、開催した主催者や読者さんが見に来たときにがっかりします。もう、見に来てくださらなくなります。

どう良かったのか、どんな風に楽しかったのか、どうしてまた行きたいのか。など、掘り下げて書いてみるのです。

あなたの販売記事もそんな風にならないように毎日の日記でちゃんと気持ちを表現することに慣れていってくださいね。普段の何気なく感じたことを記事にしてみたり、書くことにまずは慣れることが一番です。

販売記事も「出しても売れなかったらどうしよう」と思わないで、「どうやって知ってもらって買っていただくか」に気持ちを切り替えてみましょう。

急にいい記事は書けませんので、普段から心がけるようにしてくださいね。

10章

決済から気持ちをこめた
お届けのしかたまで

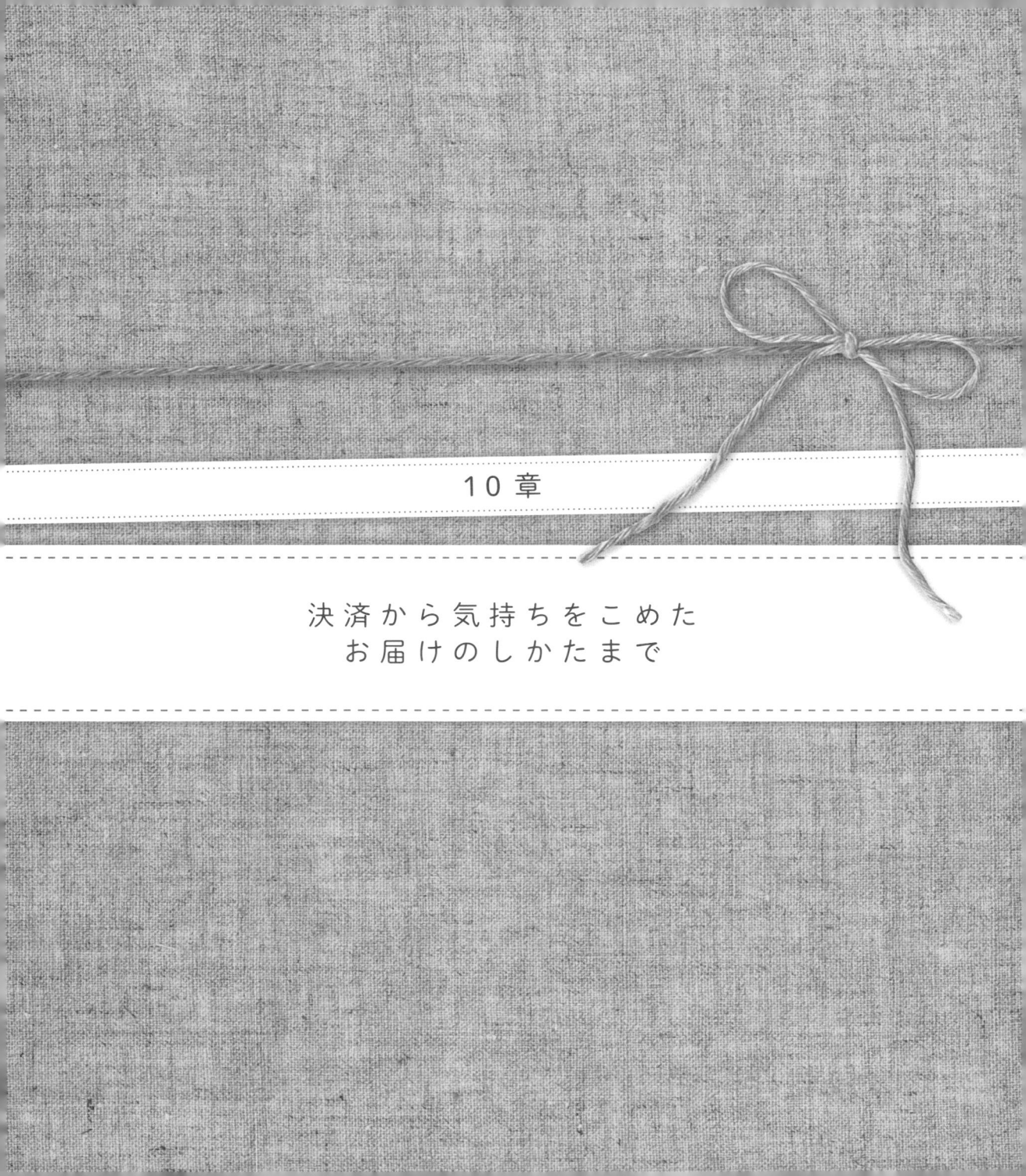

Lesson 01

お客様の振込先は１つに

スマホですばやく確認

● 余計な手間も省けます

お客様からの振込先は、1つにまとめています。以前は、お客様のためにと、銀行と郵便局とに分けていました。そうすると、2ヶ所に入金確認へ行かなくてはいけません。銀行に振り込んでも、銀行から郵便局に振り込んでも、振込手数料はかかります。それなら、わざわざ分ける必要はありません。1つにまとめればこちらの手間もはぶけ、入金確認がしやすくなります。

また、ゆうちょ間の振り込みは手数料が無料なので、ゆうちょはとても便利です。しかも郵便局はわりとあちこちにあるので、外出先でも簡単に見つけられます。

お客様からのお振り込みを１つにまとめると、お金の流れもわかりやすいです。あちこちの通帳を照らし合わせなくても、1つの通帳で事がすみます。ですから、お客様からのご入金を見落とすこともなくなりますね。

● 出向かなくてもスマホで便利に確認

さらに、郵便局まで出向かなくても、今はスマホですばやく入金確認できます。ネットでも入金や送金ができるので、ネット利用の手続きをしておくことをおすすめします。窓口で用紙をもらって郵送すれば、手続きが完了します。とても便利なのが、お客様からの入金があった時に、登録しているメールアドレスに入金された旨の、メールが届くことです。スマホでログインすればどなたからのご入金かすぐに確認でき、お客様にすばやくご連絡ができるので、信用にもつながります。

ログインした際もメールが届くシステムになっているので、不正ログインも早めの対処ができます。

ネットでの取引は、月５回までが無料となっています。有料になっても１回 100 円なので、ゆうちょはおすすめです。

入金確認はすばやくできる方法に

お客様からの
振込先はひとつに
ゆうちょがおススメ

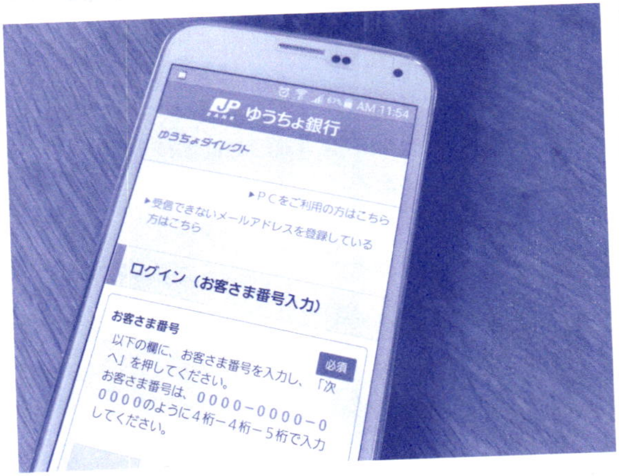

スマホで
入金確認が
できます

振込みや入金確認が一箇所で
できるようにしておくと、お
客様も作家も手間なく便利

Lesson 02

クレジット決済について

高額作品を販売される作家さんにおすすめ

● 高額商品が売れやすくなるクレジット決済

高額な作品を販売している作家さんは、クレジット決済を利用できるようにしておくと販売につながりやすいです。私も今後取り入れようと思っているのがペイパルです。登録は無料ですが、簡単な審査があります。

口座への振り替えが手続き後、最短３営業日なのがペイパルの利点です。手続き後の振り替えが翌月末のところもあるので、このすばやい対応はビジネスで使うのには便利ですよね。アカウント開設費、月額手数料は無料。決済手数料も安価です。

● 簡単クレジット決済

小売店や展示会などでお客様から直接お支払いいただく場合に便利なクレジット払いの方法もあります。

スクエアといって、小さなカード読み取り端末をスマホやタブレットのイヤホンジャックにつけるだけでレジに早変わりします。カードの読み取りも一瞬です。手数料は3.25％で、決済後は最短で翌営業日に振り込まれます。

スクエアリーダー（読み取り端末）は、ネットで簡単に購入できます。アカウント開設費、リーダーの維持費などは一切かかりません。車のキーくらいの大きさなので、小さくて軽いです。かさばらないので、持ち運んでもじゃまになりません。ネット環境が悪くても機能し、レシートも発行できます。お客様にメールで送信、またはレシートプリンターを接続すればその場で発行できます。展示会などの対面販売では、持ち合わせがない方にカード決済をしていただけますので、販売も加速します。ある作家さんが展示会で使用したら、売り上げが格段に上がったそうです。自分の活動方法に合わせて、決済方法をうまく使い分けるといいと思います。クレジット決済はキャンセルがしにくいのと、入金確認の手間がはぶけるので、便利です。

クレジット決済について

PayPal

ネット販売での
高額作品の決済に
お客様が
利用しやすい

スクエア

小売店や展示会など
直接お客様に
お支払いいただく
場合に便利

ネット販売も対面販売もクレジット
決済を取り入れると、高額商品を
買っていただきやすくなります。

lesson 03

発送方法の選択

作品に合った発送方法を考えよう

● 色んな選択肢があります

作品の発送方法は、ものによってずいぶんと違ってきます。子供用品と大人服とでは、重さも大きさも違うので、作品に合ったものにしましょう。また、追跡、保障、時間指定あるなしなどが、配達方法によって違います。私が利用している郵便局の配達について説明します。小さいものはレターパックライト（全国一律360円、追跡あり、保障なし、郵便受けに入れるタイプ）。大きいものや手渡ししたい場合はレターパックプラス（全国一律510円、追跡あり、保障なし、手渡しタイプ）を使います。専用封筒を買って、その中に入れて送ります。決まったラインにふたが閉まらないと送れません。

● オプション追加でお客様とのトラブル回避

また、定形外が一番安く配達できるので、お客様が選びやすい配達方法です。しかし、追跡なし、保障なし、手渡しなしです。私はトラブルの経験はありませんが、他の作家さんに伺うと、未配達や破損もあります。未配達の場合、証明があれば郵便局に問い合わせができます。そこで、差し出した記録が残る特定記録（160円）を定形外料金にプラスすると安心です。安心なのが、定形外に保障、追跡、手渡しをつけることができる簡易書留（310円）です。他には、配達証明（郵便物を配達した事実を証明）などもあります。オプションが色々あるので、トラブル回避のためにもキチンと考えましょう。

● お互い納得の行く方法で発送しましょう

何もかもそろっているのが、ゆうパックです。差出証明として伝票控えが残る、持込や同一あて先割引、希望日時、保障あり、追跡あり、手渡し、相手の方が受け取った証明のお届け通知はがきも届くようにできます。発送方法は、お客様に選んでいただきます。メリットとデメリットを明確にして、納得のいく方法でお届けしましょう。

トラブル防止も考えて

小さいもの

レターパックライト
（全国一律360円、追跡あり、保証なし）

大きいもの

レターパックプラス
（全国一律510円、追跡あり、保証なし）

一番安い

定形外
（いろいろなオプションを追加することもできる）

サービスが揃っている
ゆうパック

発送方法にはいろいろあります。
作品の大きさや価格、お客様の
ご要望にそって変えよう

Lesson 04

お手紙を添えましょう

忙しくても手書きで！

● コピーではない手書きの大切さ

発送する作品には必ずお手紙を添えています。数年前までネットオークションをしていましたが、そのころからお客様には手紙を添えるようにしています。印刷した自分のブランドの紹介カードや、コピーした愛想のない誰にでも添えている手紙は、もらっても嬉しくないですよね。私は、コピーされた手紙はほとんど読まずに捨ててしまいます。自分がそんなふうに感じるのであれば、お客様も同じように感じるのです。

● 自分の宣伝より大切な事

ブランドカードも、あなたのメールアドレスや HP の URL が書いてある程度のものなら、お客様はすでに知っているので必要ないように思います。それよりもお手紙に気持ちをこめましょう。

私の場合は洋服販売なので、お客様とのメールのやり取りはサイズなどのご相談も含め、密にいたします。その間に季節の話や、お客様のお誕生日、卒業式、発表会など、使う目的やどんな気持ちでお申込みくださったのか、様々なお話しをさせていただきます。メールのやり取り中にお手紙につながるようなことがたくさんあります。

● お客様とのメールのやり取りは貴重な時間

私の販売している服はナチュラル系ですが、時折カラフルな色も販売します。不思議とカラフルな色は北国のお客様からのご注文が多いです。北国の寒い冬を明るい色で楽しく過ごしたいというお話も、メールのやり取りから知りました。地元だけでなく、全国につながるのはネット販売ならではですね。お手紙を書き続けられるのも、ネット販売のメールのやり取りのお陰です。お買い上げいただいた商品の説明やお洗濯の仕方、コーデ方法などに加え、メールでのやり取り内容を盛り込んだ文章にしましょう。

手書きのお手紙をそえましょう

○○さん
いつもありがとうございます。
とってもコーデしやすいブラウス
です。スカートやパンツにも
合わせてみてくださいね。
息子さんのお受験も無事終わる
といいですね。そちらは雪と
伺いましたが、風邪など
ひかれませんように。
又、ご感想などいただけると
嬉しいです。

誰にでも
当てはまる
内容ではなく、
メールのやり取り
などで話題になった
コトを盛りこんで
書きましょう。

コピーではなく、手書きの
お手紙を添えたいですね

lesson 05

梱包の仕方にも工夫をしよう

開けた瞬間の感動は一度きり！

● お客様が喜ぶことを考えよう

きれいに梱包さえしていればいいと思われるでしょうが、それはできていて当たり前のことです。せっかくなら、それ以上を目指しませんか？　私は、作品の梱包はすべてプレゼント包装にしています。

ネットでものを買う時は、だいたいは自分のために買いますよね。特にハンドメイド作品は、着てみた時、つけた時、使用した時を想像して、ワクワクしながら買うのではないかなと思います。

そんな、自分のために買った作品が、プレゼント包装になっていたら驚きませんか？　嬉しいのではないでしょうか。

作家側はいくつも発送するので、たくさんある中のひとつの荷物かもしれません。でも、お客様がその荷物を開ける瞬間はたった一度きりです。その一度きりの瞬間の気持ちを、感動の瞬間に変えたいと思っています。

● 包装は開けやすくセンスよく

プレゼント包装といっても、過剰にしなくてもいいと思います。箱に入れたり、開けても開けても出てこないくらい包んであると、コストもかかるしゴミも増えます。簡単でシンプルだけど、素敵に見える包装を心がけてください。自分の作品の雰囲気やイメージを壊さないセンスも大事ですよ。作品はすばらしいのに、まったく合わない包装だとガッカリします。センス良くというのは、難しいかもしれませんが、包装に色を使いすぎないこともコツのひとつです。作品が引き立つ包装にしましょう。

パッと開けた瞬間の「すてき！」「うれしい！」という気持ちは、特別な時間としてお客様の心に残ります。以前、自分がされて嬉しかったと思うことをお客様にしてみましょう。そうやって、お客様に喜んでいただけることは何か、考えてみてくださいね。

開けた時の感動は一度だけ

プレゼント包装は
あくまでもサラリと。
そして開けやすいコト。
やりすぎには注意！

ラッピング材料専門店

シモジマ
https://www.shimojima.co.jp

ラッピングは、できるだけ色を使わずシンプルにしています。メインは作品ですので、ラッピングでイメージを付けてしまうと作品が引き立ちません。洋服を包むのには和紙を使っています。「シモジマ」は、ラッピングだけでなくメッセージカードや文房具も扱っているので、とても便利に利用しています。

ただ送るだけではなく、プレゼント包装にしてみましょう。過剰にしないこともコツ

Column

作品に愛情をかける

私は、肌に優しいリネンを使った服作家です。お肌の弱い方でも安心して着ていただけるものにこだわって作っています。私が、もともと肌が弱く、既製品の服にストレスを感じていました。

例えば、首の後ろ側についている織りネームはほとんどポリエステルです。それに、かぶれるので、すべての服の織りネームを取っていました。また、中に付いている洗濯表示にもチクチクしていました。

そんなストレスを感じない服を作りたいと思い、織りネームは綿のやさしいものを使い、洗濯表示は中に縫い付けていません。ブランドタグの裏に書いています。また、お手紙にも洗濯の仕方を書いたりしています。

発送する際は、このようなサラッとしたプレゼント包装にしています。

作品は、大事に生み出したものです。お届けも丁寧にしてみましょう。

11章

8割のお客様が自然に
リピートしたくなる秘訣

lesson 01

あなたが必要とされていることは何か考えよう

何が一番売れているか

● あなたの人気商品は何？

作っている作品の中で、一番売れているものは何か考えてみてください。デザインもあるでしょうし、形や色、季節物、質感など、どの作品が一番お客様に人気がありますか？

一番売れているものは、あなたの作品の中で必要とされているものです。あれこれ作れる作家さんは、多種多様な作品があるのではないでしょうか。器用なので、作ってといわれるとラインナップにはないものまで作って、時間ばかり取られて利益は薄いというような作家さんもいます。自分は何屋さんなのかしっかり軸を持たないと、作品とまったく共通点のないオーダーに振り回されて疲れてしまいます。

● メニューはシンプルに

このような、本来の作品と関係のないオーダーや、今までの作品の中で必要とされていない、売れていないものをなくしていくという作業も、これから作家として長く続けていく上で大事です。

売れているものに集中すれば、エネルギーが分散しません。そうすれば、今までより数を作ることができますね。もっと売り上げは伸びるでしょう。

たまに売れているからと、何もかもに手をつけず、作るものを絞ると労力も在庫も減らすことができます。

● 本来の作品製作に集中しよう

あなたの本来の作品ではない、無理な注文はお断りするようにしましょう。そのような注文は、お友達や知り合いに多いと思います。器用だからなんでも作れるでしょうという人たちは、あなたのファンではありません。

仕事はファンとします。ファンは、あなたの今まで作ってきた作品が好きなはずです。ファンはまったく違うものを求めていないと思いますよ。

あれこれ作ってエネルギーを分散させるのをやめよう

つながりのないオーダー

本来、あなたが作っている作品

たまに売れるもの

エネルギーが分散し、利益が薄いものはやめよう

本来のあなたの作品にエネルギーをそそげる

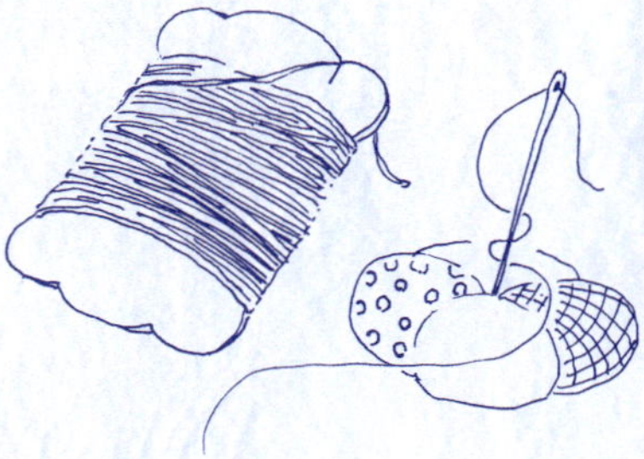

あなたの作品の売れ筋はなんですか？その製作に集中できるよう、ラインナップにないもののご注文はお断りしましょう

Lesson 02

あなたから買いたいと思われる理由

ものは人から買います

● 在り方って大事

あなたから買いたいと思ってくださるファンは、あなたの何がよくて買うのでしょうか。特別感ももちろんあるでしょう。でも一番は、あなたという人柄なのです。ファンは作品だけにつくものではなく、あなたという人につきます。作品が好きでも、あなたがイメージと違ったり、あなたに対して悪いイメージを持ったら、あなたから買いたいと思わなくなります。ものは、人から買います。

● 物だけよくても買いたいと思わない

実際に私も、優れたものを作っている方でも、人柄がよくなければその人から買いたいと思いません。そんなことはありませんか？

例えば、おいしいけれど愛想の悪い食べていても息苦しいようなお店と、とても感じがよく楽しく食事ができるお店のどちらで食事をするかと問われれば、間違いなく楽しく食事ができるお店と答えますね。繁盛店は接客がいいところが多いです。接客が悪いとおいしくても流行らないお店になります。

● 発信していることであなたがどんな人かわかる

作家さんも人柄でものが売れる時代だと思います。私は実際にものを売りますが、ものとお金の交換だけでなく、販売は人と人だと思っています。SNS の世界では人柄などわからないだろうと思うのは大きな間違いです。ブログやフェイスブックなどの記事や投稿から、十分人柄は伝わります。あなたのイメージを考えず闇雲に投稿していては、あなたの良さは伝わりません。投稿を見て読んで、好きになって買ってくださるのですから。

作品は売れればいいと思うのではなく、なぜ作品を買ってくださるのかよく考えて、人柄が重視されていることをしっかり意識されたほうがいいです。

ものは好きな人から買いたくなります。だからファンなのです。

発信していることであなたがどんな人かわかる

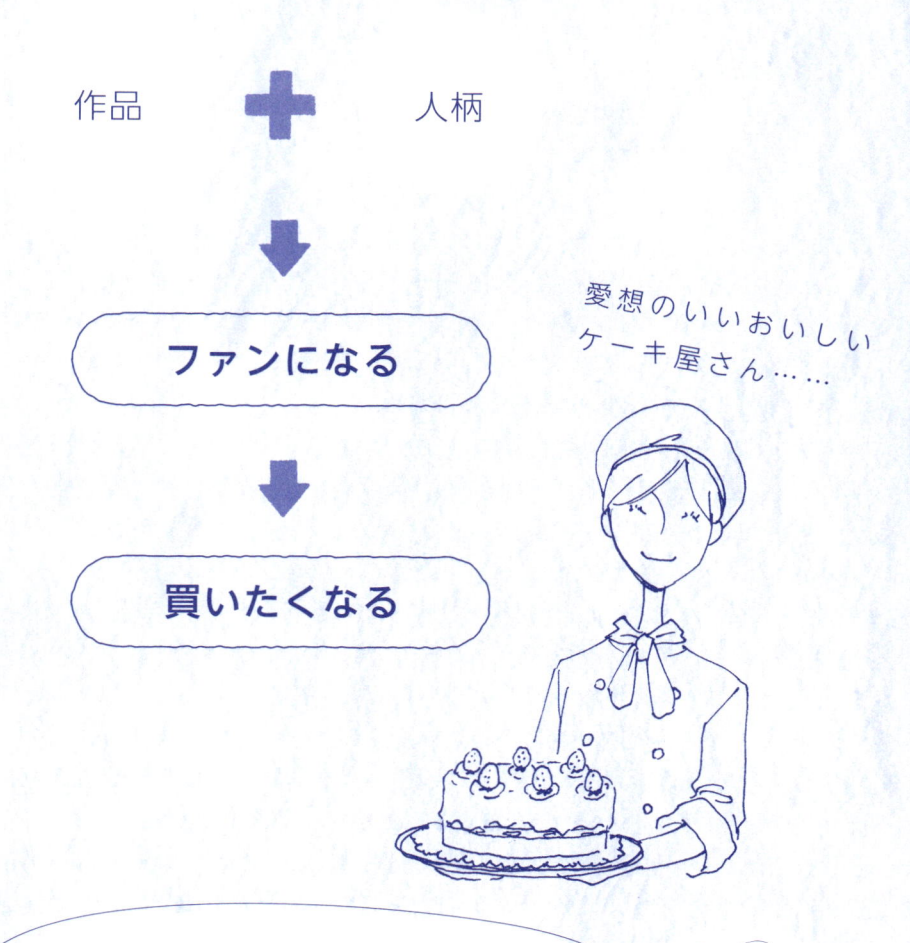

作品 ＋ 人柄

↓

ファンになる

↓

買いたくなる

ファンはあなたという人につきます。
あなたが好かれなければファンはいません。在り方はとても大事です

lesson 03

信頼を得ること

信用されないと作品は売れません

● 信用される行動をしよう

お客様に信頼をされるには、どうすればいいのでしょうか。信頼できない人に、お金は払いません。実際に会わなくても、信用される行動はたくさんあります。ネット社会の昨今では、あなたの発信していることから判断されます。見られているということです。まずは、いったいあなたは誰なのかということです。顔出し、本名出しが重要です。買ってくださったお客様にはお名前を伺うのに、先に作家が名のらないのはおかしいですよね。

● 発信をおろそかにしない

次に、発信しているものの更新頻度です。ブログも書いたり書かなかったりすると、本当に活動しているのかと疑われたり、気持ちにムラがある人に見られても仕方がありません。もし、お友達があなたを紹介してくれる機会があったとしても、動いていないブログは、紹介しにくいですね。売れない理由に、発信回数が足らない人がいます。ブログは、記事さえ書いて置いておけば売れるというものではありません。ブログには、必要なこと以外にも、プライベートなことや自分の考えなども書きましょう。そんな記事から、お客様はあなたがどんな人なのか分析しています。いい人だな、正直だな、家庭も楽しそうだな、面白い人なんだなと感じ、親近感を持ちます。

● メールの返信が遅いと相手を不安にさせる

もちろん作品の納期もキチンと守ること。そして案外軽く見ているのが、メールの返信のスピードです。お申し込みがあってから 48 時間以内に連絡する旨を明記してあるから、自動返信メールで 48 時間以内に返事をすれば大丈夫だろうと考える方が多いです。ところが、相手はあなたからの返事を待っています。48 時間なんて遅いと感じるのです。メールやお申し込みは、来たとわかったら即返信しましょう。遅いと信用をなくす場合もあります。

信頼できる人から買いたい

メールの返信が
早い

ブログや
フェイスブックを
日々更新する

信頼

納期を守る

顔出し
本名出し

信頼を得ないとお客様はお金を払おうと思いません。地道な活動をしっかりやることが大切です

Lesson 04

買ってくださった方は特別扱いしましょう

特別扱いってうれしいもの

● お得感を味わってもらおう

美容室やエステサロンなどでも一度行ったら、次回から割引があったり、お得情報のメルマガが届いたり、一度も来ていないお客様とは差別化をしているお店があります。一度お金を払ってくださっている人と利用していない人は、同じ扱いにしない方がよいですね。

作家も、作品を買ってくださるお客様は特別扱いしましょう。

私は、自宅ショップを開催した時に、リピーターのお客様は午前中に入っていただき、新規のお客様は午後から入っていただきました。作品は午前中にほぼなくなっていたので、リピーターのお客様にはお得感を感じていただけたように思います。

他には、何度も買ってくださる方には送料をサービスしたり、お誕生日にお洋服のご注文をされた方には、ささやかなプレゼントをお渡ししています。

こんな風にあなたにできるサービスはなにか考えてみましょう。

● やりすぎると逆効果

注意したいのが、やりすぎてしまうことです。過剰になりすぎると変に期待をされたり、かえってお客様に気をつかわせてしまいます。また、作家側もそれが義務と感じてしまうと、せっかくのサービスの良さも半減してしまいます。お互いサラリと終われるくらいのお得サービスを心がけましょう。

しつこくないサービスも線引きが難しいと感じる方もいますね。そんな時は、ご自分の通っているサロンやよく使うネットショップなどのサービスを参考にしてみてください。

「もうちょっと、こうならいいのに……」など感じる時がないですか？　「私ならこうするな」と、思ったらそれを自分のサービスに取り入れてみましょう。

リピーターさんは「ひいき」をしよう

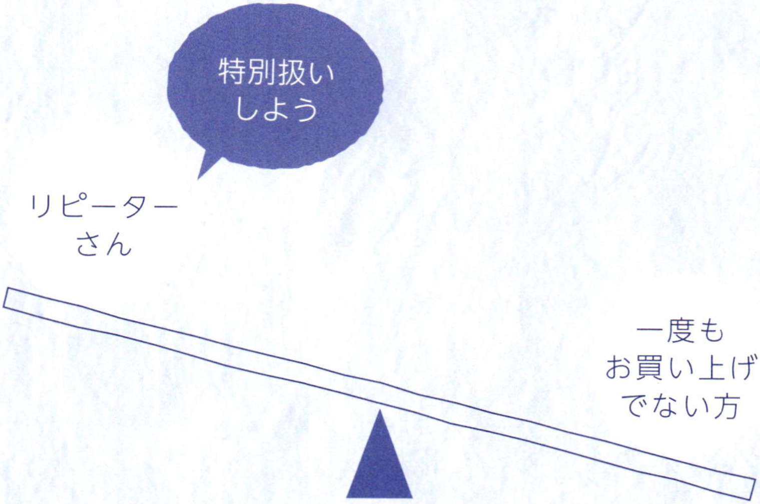

買ってくださっている方と
同じ扱いではダメ

過剰にしすぎないことに注意して、ほどよいサービスをしましょう

Lesson 05

ご感想をもらいましょう

感想は次のお客様につながります

● ネット販売の利点

買っていただいたお客様には、ご感想をもらうようにしましょう。ネット販売をしていると、ご感想は一番もらいやすいです。メールでのやり取りも密にしますし、発送する際にお手紙を入れることができます。

私は、お手紙に「ご感想をいただけるととても嬉しいです」と添えています。90％の方からご感想をいただけているように思います。実際に着用した写真も送ってくださる方もいます。

● いただいたご感想は大切に扱いましょう

いただいたご感想は、そのままにしておきません。ブログでご紹介します。その際には、必ずお客様に掲載の許可を取るようにしてください。お名前は本名を出しても大丈夫か匿名なのか、ご感想の全文を使わせていただいてもよいのか、方言を直すのか、その方のプライバシーが判明してしまう様々な要素を取り除くことを心がけてくださいね。許可もなしにご感想を勝手に掲載してはいけません。

許可を得てからブログなどに掲載すると、お客様はとても喜んでくださいます。好きな作家のブログに自分が載ることに、憧れの気持ちさえも持ってくださっています。掲載された嬉しさで、さらにファン化が進みます。他のファンと違うという優越感と特別感を持っていただけるのです。

● ご感想が次のお客様を連れてきてくださいます。

ご感想は、次のお客様につながりやすくなります。私の販売しているリネンパンツについて、「今年は湿疹が出ませんでした」という、お肌の弱いお客様からのお礼のお手紙をブログでご紹介しました。記事の最後にこのリネンパンツのお申し込みリンクをつけておいたら、パタパタと2着ご注文が入りました。このように、お客様の生の声は最強なのです。

ご感想は最強！

ご感想いただけると、
とても嬉しいです。

お手紙に
一言添えましょう。
お客様と
対面販売でしたら、
直接ご感想を
伺ってみましょう。

**対面でしたら、
お客様と一緒に
写真を撮って
ブログにご紹介するのも
おススメです。**

ご感想をもらいやすいのはネット販売です。お客様とも仲良くなりやすく、濃いファンになっていきます

Lesson 06

なぜリピートしたくなるのか

そこには想像以上のサービスあり

● リピートされる理由を考えよう

私は、お店に行った時、また来たいなと思うようなサービスや、嬉しいと思うサービスを受けた後に、何がよかったのか常に研究をしています。お店やサロンだけでなく、作家もリピーターさんがいないと商売としては成り立っていきません。常に新規を集めるのは大変なことです。東京ディズニーランドのリピート率は95%だそうです。私も80%くらいのお客様がリピートしてくださっています。最近は、もう少し上がっているように思います。

なぜリピートされるのか。それは、想像以上のサービスを受けた時にリピートしたくなるのです。だいたいこんなもんだろうと、サービスは予測できます。でも、その期待している以上のサービスを受けると、人は心を動かされます。また買いたい、またそのサービスを受けたいと思うのです。それを目指すと、リピートにつながるのです。

● 心を動かすサービスってなに？

送られてきた作品が、普通の包装ではなくプレゼント包装になっていたらどうでしょう。コピーではない手書きの手紙が入っていたなど、ちょっとした特別感が味わえたりする。そんなちょっとした心づかいが、お客様に小さな感動を与えているのだと思います。

何か派手なことをするわけではありません。自分もされると嬉しいと思うことを、手間を惜しまず実践していってください。

もし自分の作品にどんなサービスをすればいいのかと思い悩んだ時は、人気の同業者の作品を買ってみてください。どんな梱包の仕方をしているのか、どんな対応をしているのかなど、人気の秘密が垣間見られると思います。そうやって研究することもおすすめします。お客様を思えばこそのサービスを、あなたなりに考えてみてはいかがでしょう。

思っている以上のサービスはリピートしたくなる

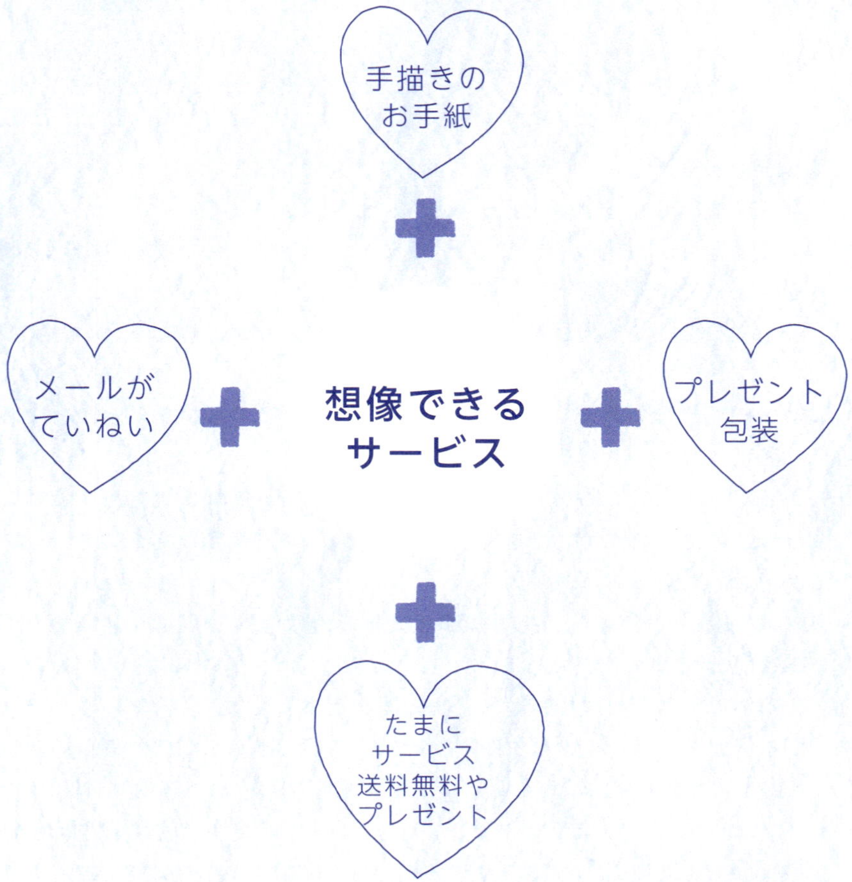

手描きのお手紙
メールがていねい
想像できるサービス
プレゼント包装
たまにサービス送料無料やプレゼント

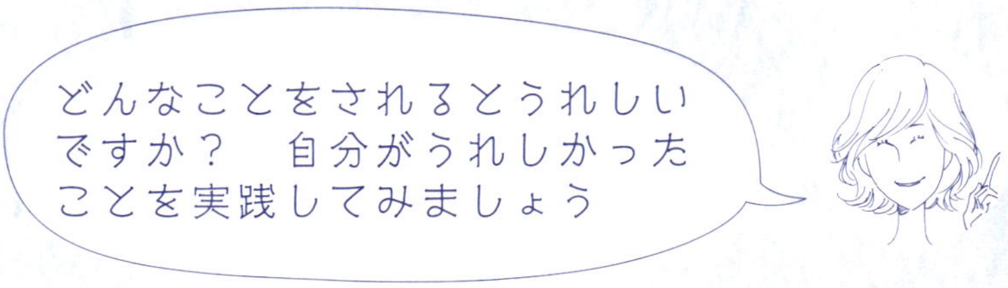

どんなことをされるとうれしいですか？　自分がうれしかったことを実践してみましょう

Column

あなたは、信用されていますか？

お客様がお金を払ってくださることって、すごいことなんです。なぜ、あなたにお金を払ってくださるのでしょう。

あなたの作品がいいから？　欲しいから？　それだけではないと思います。それは、「信用」があるかないかです。

私は以前、福島の津波ですべてを失った下駄屋さんの下駄15足をボランティアで販売させていただきました。

その下駄屋さんの下駄は桐を一から掘って、年輪も左右合わせて完全なハンドメイドで作られています。履き心地がよく、夏は毎日履いていました。修理をお願いしようと連絡したことで、被災を知りました。携帯電話がなかったら、連絡がとれなかったです。

津波ですべてを失い、高台の工場にあった下駄が数足残っただけだったそうです。何も残っていないお店の映像を見せていただいた時は、涙が出ました。

こんないい下駄をこのまま置いておくのはもったいない！　と思い販売をさせていただきました。夕方の忙しい時間である5時に記事を上げたのに、15足が1時間で完売したのです。

なぜ、ネットで流しただけなのにこんなに買ってくださるのか考えました。それは、今まで顔も出し、本名を名乗り、どこのどんな人かブログでコツコツと「信用」を築いてきたからなんだろうと思います。

だから、苦手といってブログやフェイスブックから逃げていると、いい出会いもどんどん逃してしまうというコトです。

なぜ、売れないのか。なぜ、人が集まらないのか。どうしてなんだろうと、考えてみるといいですよ。そもそも、あなたに信用があるのか。

そして、オープンにしていますか？

12章

在庫を抱えないための販売のコツ

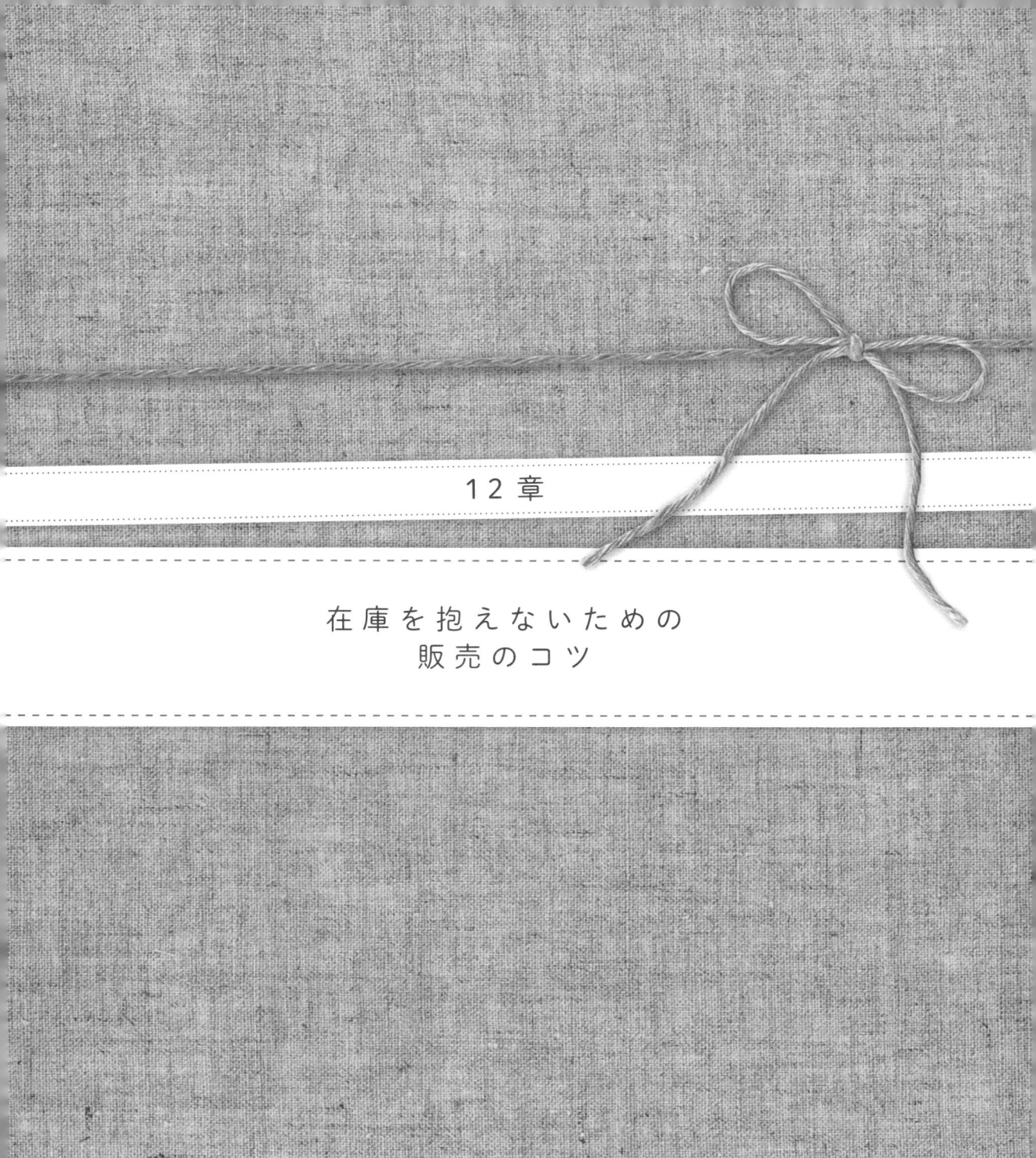

Lesson 01

サイズや種類別にすべて作らない

サンプルを作ろう

● 在庫を抱えない作り方を考えよう

作品には、色違いやサイズ別などあると思います。それらをすべて作っていたら、在庫を抱えることになります。

例えば洋服の場合は、サイズ別サンプルをシンプルなデザインで作って、お客様の試着用にします。私は、イメージの固まりにくい白で全サイズの試着用サンプルを作りました。そのサンプルがいいと言っていただきサンプルのデザインにご注文が入ったこともあります。実際に着用して選べない場合は、それぞれのサイズの詳細を記事内に記載しましょう。

撮影用に一般的なサイズのMサイズを1枚作って、着用している写真やアップの写真などを撮り、お客様がイメージできるようにしましょう。それを元にご注文を取ります。

● 小物だからいいだろうと思わない

小物も同じです。色々な柄があるなら、サンプルの形だけ作って写真でうまく見せましょう。お客様と会う機会のある場合は、他の柄は生地サンプルをお見せすればいいと思います。1点ものなどの場合は、もちろん現物を作って販売します。

● 色んなサイズを作ってもピッタリの方がいなければ、在庫になります

お客様のためと思って、すべてのデザインやサイズを作っていると製作済みの在庫がどんどんたまります。Sサイズや3Lなどのお洋服は、一般的なサイズではないので売れにくくなります。もし欲しいという方がいらしても、丈が短ければもう直しようがないのですごくもったいないです。

そうやって在庫がどんどん増える作家さんもいます。解体して別のものを作るのも難しいので、古くなれば廃棄処分になります。在庫を増やさない工夫もしてみてくださいね。

サンプルは作りすぎないコト

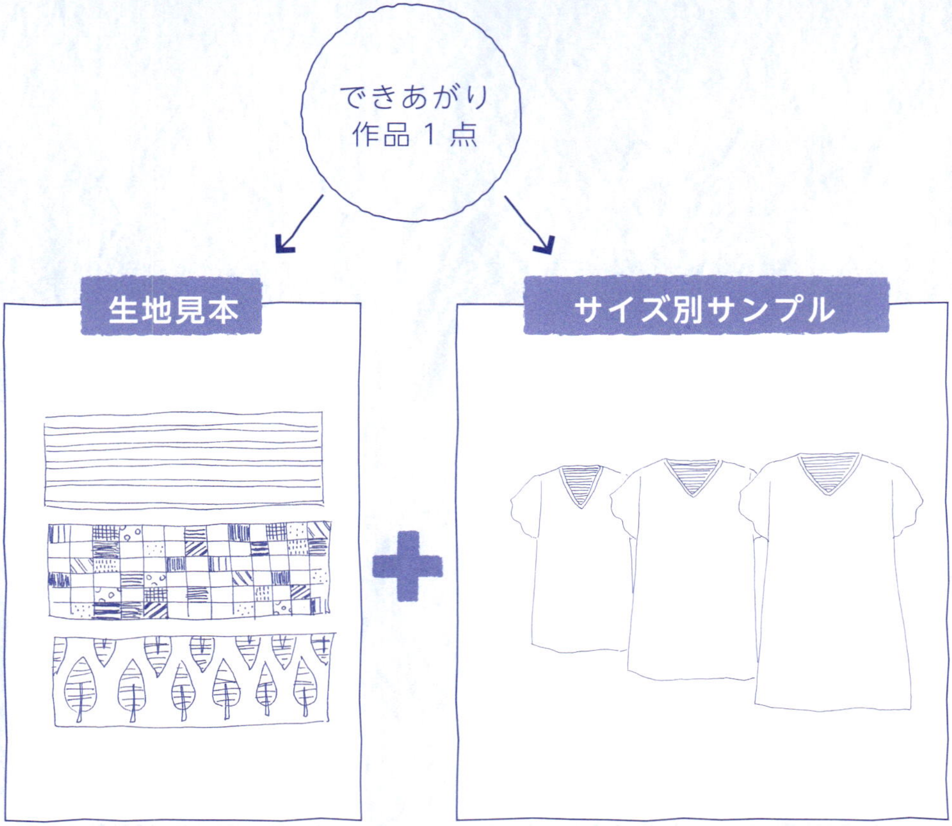

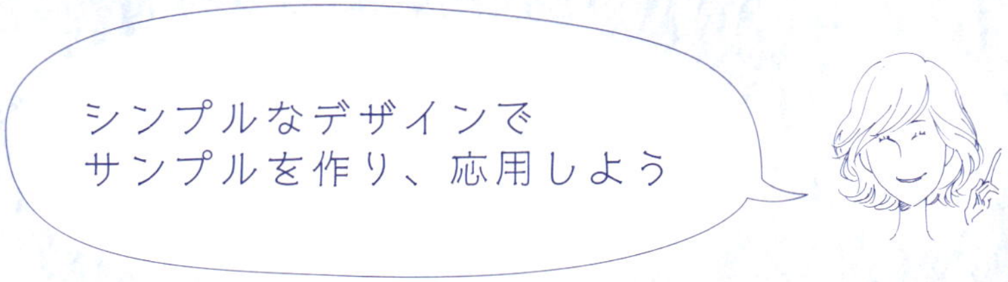

Lesson 02

セット販売、セール販売

在庫をうまく販売していこう

● お客様が買いやすくして販売しましょう

イベントや委託店で在庫を抱えた時にどうしていますか？　そのままにして売れるのを待っていますか？　残念ながら売れなかったものは、待っていても売れません。他の販売方法を考えてみましょう。例えば、手軽に販売できる大手のネット販売サイトなどを利用するといいと思います。

関係性のあるものとセットにしたり、お買い得品にして販売しましょう。単品より、セットのほうがお得感があって案外買いやすかったりします。

100円台のものを送料をかけて１つずつ買うよりも、お客様は注文しやすいですよね。時期外れのものは、早めにお買い得品にしましょう。セールも急に行うのではなく、ブログやフェイスブックで告知しておけば、たくさんの人に見てもらえます。何日の何時からセール販売しますと、3日前くらいから告知をします。どの商品をセールにするかも写真を見せて、記事として何度もアップしましょう。そうやって何度も告知することで、お客様はその時間を待ち構えていますので、スムーズに売れやすくなります。

● 売り方も工夫しましょう

在庫品と売れ筋の作品をセットにしても売れやすいと思います。また、在庫が少なくなってきているものから現物をどんどん作り、その作品の仕入れをやめてオーダーの種類をなくしていきましょう。細かいオーダー受注製作を整理していくのにも役に立ちます。材料や作品の在庫を抱えていると場所も取るし、作品自体が古くなります。そんな作品は売れないですよね。

新しい材料の仕入れや新たなアイデアは、創作意欲がわきます。新作を作るためにも、在庫品はこのように販売し、なるべく抱えないような工夫をしましょう。セールやセットにしたから価値が落ちるわけではありません。早くさばいて、新作に力を入れるほうがよいでしょう。

お得感を出して販売しよう

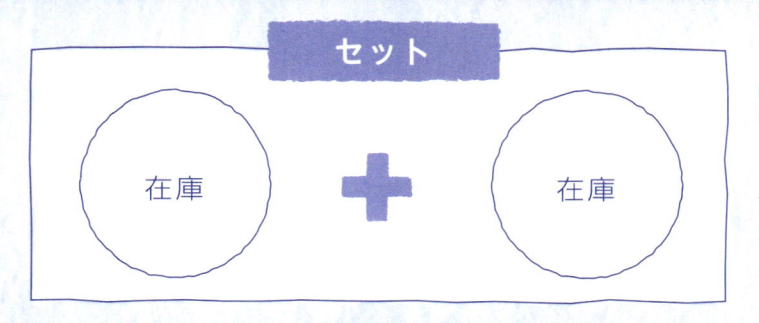

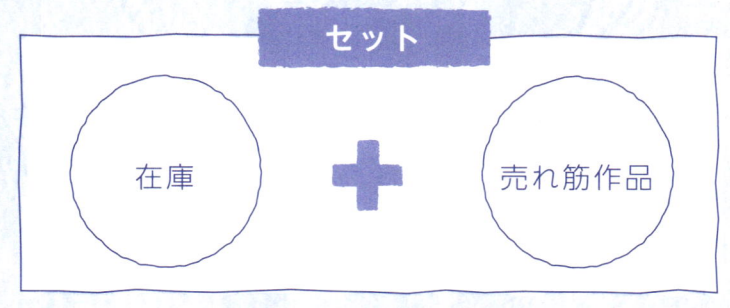

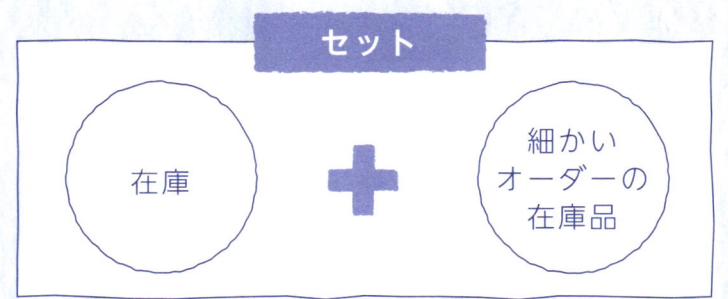

セット

在庫 ＋ 在庫

セット

在庫 ＋ 売れ筋作品

セット

在庫 ＋ 細かいオーダーの在庫品

セールやセットにすれば、お得感がありますので、在庫を販売しやすくなります。

Lesson 03

ネット販売サイトを活用しよう

在庫処分に手軽に使おう

● メインの作品ではないので手軽に販売してみましょう

セット売りやセール販売する時に便利なのが、ネット販売サイトを活用することです。出展出品無料。作品出品から取引まですべてスマホで完結し、アプリには作品画像の補正機能もあります（Creema）。細かい記事作成や決済も手間がかかりません。

ネット販売サイトは、100円台から1,000円台が主に売れているようです。小物の販売には向いていると思うので、目を引くタイトルを付けてお客様を引きつけましょう。

● メインの作品への入り口にしよう

そこでの販売から自分のサイトに誘導して、他の作品も見てもらえるようにするのがベストです。販売をそこで終わらせるのではなく、必ず自分のメインの作品の販売につなげていけるようにしましょう。

セット売りだから、セールだからと思う必要はありません。小さいものを入り口にすると、お客様も入りやすいです。あなたの作ったものが届くのですから、どんな形であれ関係ありません。小さなものにも自分のカラーを出すことを忘れないでいると、あなたが売りたいものにつながっていきます。いつも自分のサイトで販売しているのもいいですが、広く知ってもらうためにも手軽に販売できるサイトを利用するといいですよ。

● 手軽だからと販売サイトをメインにしないように

しかし、販売サイトをメインにすると手数料がかかるので、もったいないです。販売サイトでは、お客様は作品を見て終わりです。あなたの世界観を知ってもらうには、自分のカラーが出せるブログやHP、フェイスブックなどで認知を広げることに力を注いでください。そこから販売サイトへの誘導もできるので、大元となる部分をしっかり育てていきましょう。

手軽に販売できるネット販売サイトを利用

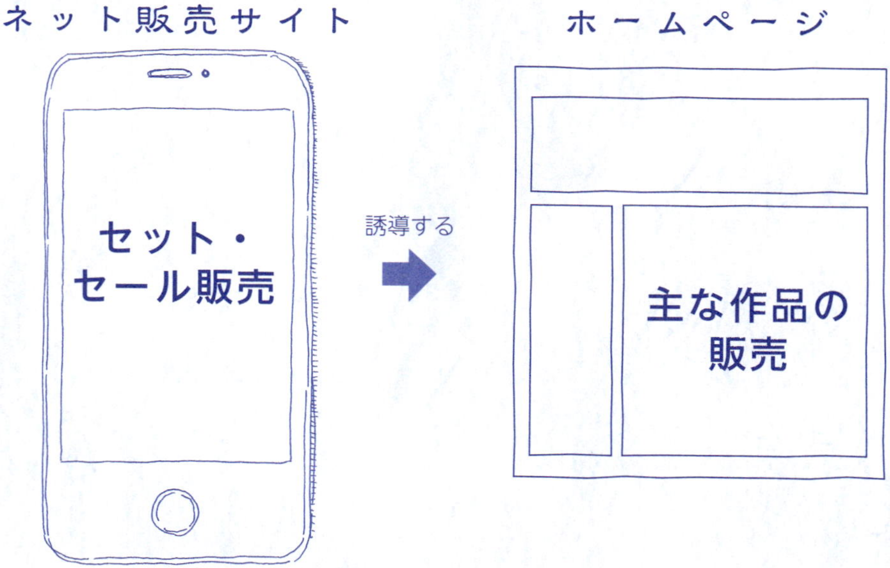
ネット販売サイト
セット・
セール販売
誘導する
ホームページ
主な作品の
販売

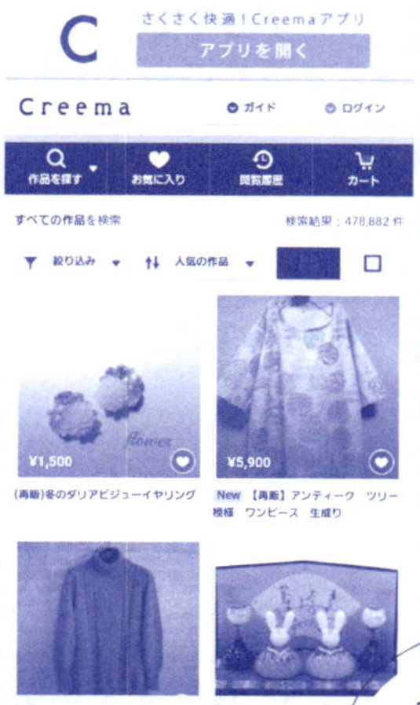
C
さくさく快適！Creemaアプリ
アプリを開く
Creema
ガイド
ログイン
作品を探す
お気に入り
閲覧履歴
カート
すべての作品を検索
検索結果：478,882 件
絞り込み
人気の作品
¥1,500
¥5,900
(再販)冬のダリアビジューイヤリング
New 【再販】アンティーク　ツリー模様　ワンピース　生成り

おしゃれな
販売サイトを使おう

Creema（クリーマ）
http://www.creema.jp/
クリーマは、安売りしている作家が比較的に少なく、おしゃれなサイトです。自分のページも素敵に作れますので、作品レベルやランクを下げることなく販売できると思います。

セットやセールに限り、スマホからも出品できる手軽なネット販売サイトを使ってみよう

lesson 04

残った材料で作品を作ってみる

新しいものが生まれるかも

● 残った材料を贅沢に使い1点ものを作ってみる

私の場合は洋服販売なので、布のハギレがたくさん出ます。ハギレを入れておく専用のカゴもあります。どんどんたまってくるんですよね。いろんな色や質感の違う布がありますが、洋服を作れるほどの大きさではないので工夫をして使っています。

好評だったのは、ハギレでパッチワークしたお洋服です。とても手間がかかっていますが、なるべく無駄な部分が出ないように大きな布をわざわざカットして作るのと違い、ハギレなので気軽に作れます。でも、もうない生地ですので2度と作れません。1点ものとして販売しました。

また、ハギレを使ってくしゅくしゅ加工したコサージュも200個ほど販売しました。入学式や卒業式の時期に販売しますが、一年越しで待ってくださってるお客様もいらっしゃいますので、あっという間に完売します。

このように残った材料でも、アイデアを絞ってうまく利用できるといいですよね。

● 柔軟にアイデアを出してみよう

残った材料ではあるけれど、それを1点ものや数量限定などにすると特別感も出ますね。残り1個しかないからもう販売はできないとあきらめず、まずアイデアを出してみましょう。あなたの作品のカラーを大切にして作ってみてくださいね。

作家さんにとってこだわりは大事ですが、柔軟な考えで在庫を無駄なく使ってみましょう。今までのデザインに固執せず、新たに考えたデザインが思わぬヒット商品になる可能性があります。

残った材料も宝物

材料が
ひとつだけ
残った

1点ものの
特別なものを作ろう

材料が
数点
残った

数量限定の
ものを作ろう

残った限られた材料からアイデアを絞るって楽しいですね

lesson 05

頼まれる別注作品について

本来の仕事ではない

● お友達価格にしてしまいがち

11章・1項でもお話ししました、器用だからと、裁縫担当になったり、作って欲しいと無理難題を言われたり、本来売りたいものと違う注文に困っているという作家さんがいらっしゃいます。頼んでくるのは、だいたいママ友なので、価格をお友達価格にしてしまっています。

でもそれは、オーダー注文と一緒なので、一から型紙を作らなければなりませんし、生地も購入し、送料もかかります。布も好みの布でなければ、作品製作後は必要ないものになります。おのずと在庫となるわけです。本来なら、お断りする方がいいのですが、その注文が多いという作家さんもいます。

● 完全オーダーになるわけです

そんな場合は、既存の作品より高い代金をいただきましょう。完全オーダーになるわけですから。仕入れた布代、かかった送料、型紙を考えた時間分の時給、縫製代金をすべて請求しましょう。

その旨をキチンとお伝えしてみてください。作家としての仕事をするわけですから、請求して当たり前なんです。お断りされる方がほとんどのように思います。安くて便利だからと使われていてはダメです。

● 安いと価値は伝わらない

自分の作家としてのプライドを持ってくださいね。既存のものとオーダー品は、作品に費やした時間が違うわけですから、その時間は、価格に反映されるものです。私も子供が幼稚園の時、裁縫が得意とバレていましたので、幼稚園のものを何かと縫わされました。挙句の果てには、無料でお母さん達に手作り教室をして欲しいと言われ、3年連続で手作り教室を無料で行いました。もちろんお客様にはつながりませんでしたし、安いといくらがんばっても「安いもの」と相手は受け取りますので、価値が伝わらないのです。

オーダー品の価格設定を考える機会にしてみてくださいね

器用だからと頼まれるオーダー

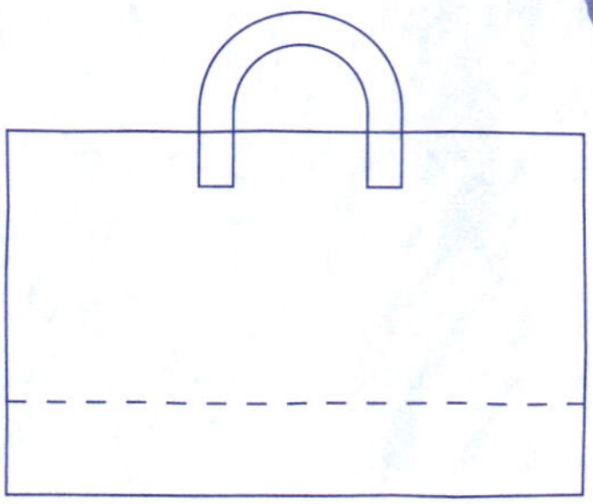

本来のものと違うオーダー

ちゃんと請求しよう

・仕入れた布代
・送料
・型紙を考えた時間給
・縫製代

ちょっと頼まれただけでも、立派な注文です。ましてや本来扱っていないものなら完全オーダーです

Column

１点ものは自由に作れて楽しい

在庫も立派な材料です。布もいい生地を仕入れていますので、端切れは残してあります。ひとつだけ残ったパーツや短くなったレースなど、宝の山です。

それらは、在庫だから使いようがないと、諦めないでください。２つとないわけですから、１点に絞って好きに創作できますよね。注文を受けないといけない製作は、在庫の確認や管理が必要です。それがないので、自由に作れます。１点売りきりの作品です。

材料が揃ってないとできないなどといっていると、在庫はどんどんたまります。今ある材料で、あなたのアイデアを使っていいものに変えていくのです。

私は、限られた材料の中で１点ものを作るのが大好きです。創作意欲をかき立てられます。ここぞとばかりに、少ししか仕入れできなかった、高級レースや布を使って、贅沢な１点ものを作ります。

また１点ものなので、値段は高めに設定できます。あなたが作った特別な１点ですから、お客様は欲しいハズです。

実際、ビンテージの高級ケミカルレースを使ったワンピースを、１点製作し販売すると、即お申し込みがありました。また、１年に１回だけ販売する「リネンくしゅくしゅコサージュ」も、すべて１点ものですので、販売と同時に、お申し込みが次々に入り、あっという間に完売します。

もう２度と作れない１点ものは、お客様にとっては宝物になるのです。いつもの決まりきった作品ではなく、頭を柔軟にして、作ってみてくださいね。

在庫で、ひとつだけなにかが残ったら、１点ものにトライですよ。

13章

お客様に会える
個展の楽な開きかた

Lesson 01

個展のタイミング

いつから個展をやればいいのか

● お客様に会おう

イベントも委託店も卒業し、自力でネット販売をしていると、お客様に直接会いたいと思うようになります。私が展示会をはじめたきっかけは、カフェのオーナーさんからのお誘いでした。はじめての展示会は、カフェの一角です。それから連鎖反応が起きたのです。そのカフェのお客様に行列のできるお蕎麦屋のオーナーさんがいらして、「次はうちで」とおっしゃっていただき、今度はお蕎麦屋さんの２階で開催しました。建築家が建てたおしゃれなお蕎麦屋さんで、素敵な展示会になりました。

● 外へ出ると人から人へと広がっていく

次は地元ではなく市内でやろうと思い、人気の雑貨屋さんの展示スペースをお借りしました。その打ち合わせに伺った時に、たまたま鳥取の雑貨屋のオーナーさんを紹介していただき、鳥取での展示会も決まり、３年ほど開催させていただきました。

個展のタイミングもよく聞かれますが、有名になって名前も知られるようになってからと思っていると、いつになることやら。個展をして、認知度を高めるといいのではないかなと思います。

● はじめはコラボからでもいい

私もはじめは、靴の作家さんとコラボ展をしました。コラボの相手を選ぶ時も、自分の作品にかかわりのあるもので、作っているもののジャンルが違う方と組まれるといいと思います。相乗効果で販売につながりますから、売り上げが伸びます。

同じジャンルでは、もめる原因になります。それと、個展に対する意気込みですね。これが違うとトラブルになりやすいです。集客やDM作りなど、仕事量に差が出ることなく、バランスを取ってお互い動くとうまくいきます。

お客様に会おう

展示会をして
知ってもらおう
個展は、ハードルが高く感じますが、
あなたの作品のお披露目です。チャンス
スがあれば積極的にやってみましょう

Lesson 02

個展会場の探し方

間違えると人が来ないということに

● いきなりハードルの高いところを借りないようにしましょう

個展会場は、よく考えて場所選びをしないと誰も来ないという結果になります。

まず失敗するのが、独立したギャラリーをひとりで借りることです。ギャラリーは、当たり前ですが開催している作家の個展を目指して来るので、もう既にあなたのファンである人しか来ません。つまり、お客様がそれ以上広がらないのです。

● あなたのお客様以外の方も来る場所を借りましょう

私がおすすめするのは、雑貨屋さんやカフェの一角を借りることです。お店に隣接していたり、店内のギャラリーやお庭などをお借りするといいです。

カフェや雑貨屋さんのお客様もいらっしゃるので、あなたのファンではない方たちにも広がるのです。カフェや雑貨屋さんの元々のお客様に、個展であなたを知ってもらえます。さらに、お店のオーナーさんの信用もついてくるので、お客様になってくださる確率は高くなります。

● オーナーさんも喜ぶ個展にしよう

また、個展はお店側も宣伝になるので、オーナーさんが集客もしてくれることが多いです。個展中はずっといなくてもいい場合もあります。それは、オーナーさんとの交渉次第ですね。

でも、作家自身が在廊しているほうが、売り上げは断然伸びます。何度も同じところで開催していると、作家に会いに来てくれます。一度会うとファンになっていただきやすいので、次回を楽しみにしてくださいますよ。

個展中にワークショップをしてお客様を集めるのも販売につながりますし、あなたのファンになってもらいやすいです。個展も張り切ってギャラリーを借りないで、他の方の力を借りましょう。

個展会場選びは大切

ギャラリーを
ひとりで
借りると
人が来ない

Cafe や
雑貨屋さんの
一角を借りよう

張り切って、カッコいいギャラリー
を借りてみたが誰も来ない……とな
ると、個展も楽しくなくなります

Lesson 03

会場の交渉の仕方

人と人です

● どんなお店か行ってみましょう

ギャラリーは時間で金額が決まっていて、規約もあります。決まった時間以外は当日の延長などの融通はききませんが、規約さえ守れば簡単に誰でも借りられます。では、カフェや雑貨屋さんは、どのように借りるのでしょうか。元々レンタルスペースであっても、紹介や知り合いでなければ貸さないというところが多いです。狙い目は、やはり流行っているお店です。そうでないと個展も流行りません。

店舗を見つける方法に、近所や近場におしゃれなお店ができたら必ず偵察に行きます。そして店内をチェックします。カフェは、雑貨などを置いているスペースがあるのか（オーナーさんの好きなものを観察）、置いていなくても、スペースはあるかどうか、また２階や隣接しているギャラリーがあるかどうかなどです。ギャラリースペースがあると、借りやすいですし、話も持っていきやすいですね。

● あなたがどんな人か知ってもらいましょう

一番大事なことは、お借りしたいと思うお店のオーナーさんと仲良くなることです。いきなり行ってすぐに借りたいといったところで、断られる可能性が高いです。人と人ですからね。信頼関係を築かなければなりません。元々、貸すように考えていない場合は特に慎重に。

まずは、足しげく通いましょう。カフェならお茶を飲みながら、オーナーさんと話す時間をたくさん取りましょう。雑貨屋さんも同じです。その時には必ず自分の作っている作品を身につけていきます。身につけられないものも、工夫してさりげなくアピールしましょう。

ただ場所を借りるだけではありません。人と人の信頼関係で貸してくださいますので、交流は大切にしましょう。

人と人のつながりを大切にしよう

展示場所が
あるか
チェック

通って
オーナーさんと
仲良くなる

自分の作品を
さりげなく
つけていき
アピール

オーナーさんと
好みが合うか

お話して
信頼関係を
築きましょう

おしゃれなカフェを見つけたら、行ってみましょう

Lesson 04

集客の仕方

協力しようと思われること

● 自分でできる範囲のお知らせをしましょう

お客様に来ていただくには宣伝をしなくてはいけません。

まずは、ダイレクトメールを作りましょう。イメージできる写真を撮って、日時や場所、どんな個展なのかの説明文を考えて作ります。誰が見てもわかることが大事です。DMだけの集客では弱いので、お客様にメールでもお知らせします。そして、ブログやフェイスブックで告知をします。

● 人の手を借りよう

集客は、店舗のオーナーさんにもお願いできます。自分のお店に人が集まるのですから、きっと協力してくださいます。個展の案内をお店のお客様に宣伝してもらえるよう、積極的にお願いしましょう。

そうやってお願いできるのも、「この人だから」と思ってもらえているからできることです。信頼関係が築けていなかったら、オーナーさんもそこまでしてくださらないでしょう。

私はスタッフさんとも仲良くなって、スタッフさんのブログでも紹介していただきました。はじめは集客に不安があると思いますが、応援したくなるようなあなたでいることが大事です。

● 応援したくなるようなあなたでいましょう

ブログやフェイスブックでの拡散も、お友達にお願いしてみてくださいね。集客はひとりではなかなかできません。拡散もたくさんの方にしていただいたほうが効率的です。もし個展に行くよといってくれている友達がいるなら、ブログで紹介してもらいましょう。そうやって人の手を借りて、いろんなことが成り立っていきます。なので、人とのお付き合いは大切にし、協力してもらったらお返しをしましょう。感謝の気持ちを忘れないように。

人とのつながりが作家のお仕事にはとても大切です。

応援される人になろう

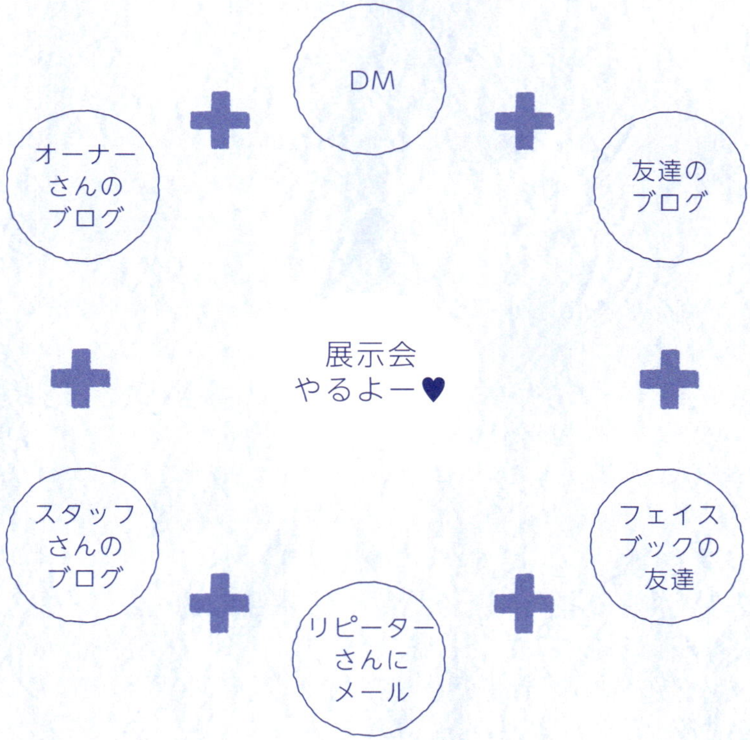
DM
オーナーさんのブログ
友達のブログ
展示会やるよー♥
スタッフさんのブログ
フェイスブックの友達
リピーターさんにメール

いろんな人に助けてもらえるあなたになろう
感謝のキモチを忘れずに

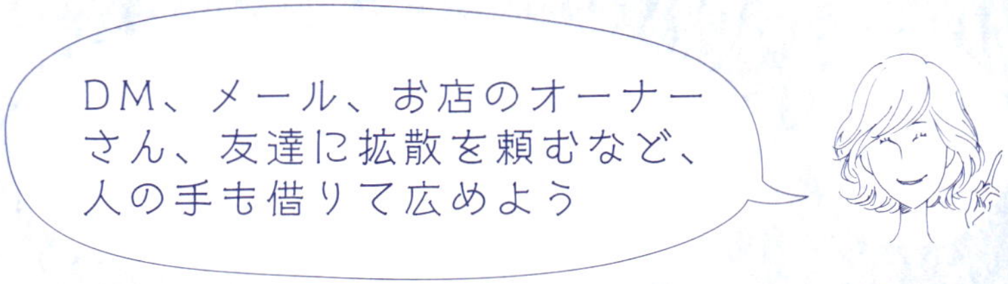
DM、メール、お店のオーナーさん、友達に拡散を頼むなど、人の手も借りて広めよう

Lesson 05

個展での販売方法について

しっかり話し合っておきましょう

● 話しにくいからと曖昧にしてはいけない

個展での販売は、オーナーさんがしてくださるのか、すべて自分でするのか。経費はどうなるのか。お金のやり取りや作品の受注の仕方など、お金が絡んでくることをしっかり話し合っておくことが大事です。

送料が作家負担になっていたりすると、のちのち大変な出費になります。販売も終わったらもうお店は関係ないと、手伝ってくださらないオーナーさんもいます。そんな小さなことから、キチンと確認を取りましょう。

まずは、あなたの在廊日を決めましょう。ダイレクトメールにもあなたの在廊日は必ず記載してください。作家がいる日をめがけてお客様はいらっしゃいます。また、在廊日でない日にもオーナーさんに呼び出され、交通費がかさんだという話も聞いたことがあります。あいまいな取り決めは、勘違いやストレスの元です。リストを用意し、話し合いながら一緒にチェックするようにすると、トラブルも防げます。仲良くなると言いにくくなることもありますが、仕事ですので割り切ってキチンと話をしましょう。一回で終わらず今後につなげていきたいと考えているなら、なおさらです。

● 販売方法もよく考えて

ご注文の取り方ですが、現物はお買い求めいただいて、あとはオーダーを受けるといいと思います。また、個展が終わるまで現物を予約取置きとしていると、売れてしまっても会場が寂しくならなくていいでしょう。

私のお洋服の場合は、サイズを計らないといけないので、ご注文シートを作っていました。遠方での展示会の場合、その注文シートがいっぱいになるとファックスで送っていただいていました。また、会場によく来られる年齢層も聞いておきましょう。年齢によって売れるものが違うので、事前にそれを踏まえて準備しておかないとまったく売れないということにもなります。

お金の話はキチンとしておきましょう

- 経費について
- 受注の仕方
- 送料は？
- 在廊日はいつ？
- お客様の層は？
- 販売方法は？

決めておかないといけないコトを、
あいまいにしない
ようにしましょう

言いにくいことほどキチンと決めておくと後々トラブルもなく気持ちよく個展が開催できる

Lesson 06

当日の振る舞い

作家も楽しんで

● お客様が長居できる雰囲気を作りましょう

当日は、お客様にゆっくり見ていただける雰囲気作りを心がけましょう。カフェが隣接していない場所では、お茶を用意しておくと会話も弾みます。個展は作品の販売が目的ですが、お客様と唯一触れ合える場所です。販売だけに力を入れすぎず、お客様が楽しく過ごせるように会話を楽しみましょう。

● あなたのファンになってもらいましょう

私は、メールでお知らせする際に「お茶をご用意していますので、おしゃべりに来てくださいね」と一言添えています。雰囲気が楽しいと、試着もしやすくなったり、オーダーを聞けたり、アイデアをいただいたりできます。女性は楽しいところに集まります。楽しい場所では、他のお客様との交流も生まれます。あなたが楽しくしていると、ますますファンになって、後からもご注文いただけたりします。無理に売らなくてもいいのです。ただ楽しんでいたら売れちゃった。そんな風になるので、楽しむことを心がけましょう。

ご注文が入ったら、ご注文ノートをつけましょう。お客様からのご注文は、ノートに記載していればわからなくなることはありません。アナログですが、その場では一番いい方法です。

● お客様との触れ合いを楽しんで

また、在廊日に小物のワークショップを開くのもいいですよ。2時間くらいで作れるものがいいでしょう。ワークショップでの集客も見込めますし、お客様にあなたのファンになってもらえるチャンスにもなります。私は、展示会ではよくワークショップを開いていました。終わってから展示している洋服をお買い上げいただくことが多かったですよ。

個展や展示会などでは、あまり気負わないこと。はじめは緊張もするでしょうが、お客様に楽しんでいただこうと思うだけでうまくいきます。

当日はあなたも楽しもう

お茶を用意しよう

試着も気軽に
していただきましょう

会話を楽しもう

お客様との交流

売ろうと
必死にならない

楽しい雰囲気作り

ファンに
なってもらおう

ファンになっていただいたり、
楽しんでいただくことを考え
て開きましょう

おわりに

最後までお読みいただきありがとうございます。長らくお付き合いくださり、うれしく思います。

ハンドメイド作家さんには誰でも簡単になれます。でも、「趣味を仕事にする」「好きを仕事にする」は、簡単なことではありません。ただ、楽しいだけでは仕事にはなりませんので。努力がなかなか実らないコトもあります。

好きなら、「諦めないこと」と冒頭でも書きましたが、そのコツがつかめましたでしょうか？　そして、人と逢うこと。出会った人で、人生が変わることもあると私は思っています。

作家さんは、引きこもって作品を作られる方が多いです。内気で、前へ出たがりません。人とのお付き合いで未来が開けてくるなんて、想像もつかないのだと思います。ぜひ、外へ飛び出して、好きで作った作品を世に送り出して欲しいと思っています。

そんな作家さんがたくさんいることを知って、16年間の経験が活かせるのではないかと、私はセミナーを開きました。売り方、魅せ方、ブログの形、記事の書き方など、テーマをわけて講座を行っています。一番最初に作った「お客様の8割がリピーターさんに自然になるセミナー」は、ハンドメイド作家さんに限らず、すべての業種に共通するセミナーです。かなり力を入れました。

このセミナーを書籍にできたら嬉しい！　でも出版は特別な人しかできなくて夢のまた夢と思っていました。

ハンドメイドを仕事にしようと思った時から、ブログを立ち上げ、SNSの世界に飛び込みました。いろんな方との出会いがあり、世界が広がったのは、ブログのお陰です。

そんな中、出会った方のおひとりがブログカスタマイズの先駆けの内藤勲さんです。ブログのカスタマイズをはじめて教えていただいた方です。

内藤さんとコラボセミナーをされる方が、出版業界の方と知って興味を持ち、大阪から東京までセミナーを受けに行ったのが2ヶ月前です。その出版業界の方が、山田稔さんという方で、この本の出版にあたりお世話になった方です。

山田さん自身の出版セミナーが、一週間後に大阪であると伺って、即申し込んで参加させていただきました。翌日の出版企画書セミナーもよくわからずに申し込み、当日に作りたい本のプレゼンをしてくださいと言われたものの、何も用意していませんでした。

でも、ハンドメイドセミナーの本を出したかったので、それでぶっつけ本番のプレゼンに臨みました。ハンドメイドブームが来ている今、作家さんの役に立つ本を書きたいという気持ちに駆られて、帰宅してすぐに企画書を作成、山田さんにお送りし、それから、驚きのスピードで出版が決まったのです。山田さんと出会って１ヶ月でした。

はじめてのコトばかりで、何もわからない私を指導してくださって、著者として育ててくださいました。感謝の気持ちでいっぱいです。この本が書けたことも山田さんをはじめ、いろいろな方のご縁があったからです。本当にありがとうございます。

東京へセミナーを受けに行っていなければ、この本の出版はなかったと思います。この時も行動することの大事さを知りました。

人と同じことをしていては、一流にはなれません。あなたはあなたらしく、あなたにしかできないことがあると思います。ハンドメイドを楽しんで！

この本でご紹介させていただいた作家の水上里美さんは私をはじめて招致してくださった作家さんです。野口久美さんも九州へ呼んでくださいました。下田美緒さんは、私の全セミナーに参加してくださっています。前田直子さんは九州セミナーにご参加くださり売り上げをグングン伸ばされている方です。みなさんお忙しい中ご協力をいただきありがとうございました。

また、セミナーに来てくださるみなさま、衣更月の作品を買ってくださるお客様、フェイスブックやブログのお友達、執筆中には集中できるようにと協力してくれた家族。

そして、この本を手にとって読んでくださったみなさま。

本当にありがとうございました。

2016年１月

中尾 亜由美

中尾亜由美

衣更月(きさらぎ)代表
1967年大阪生まれ。グラフィックデザイナー、フラワーコーディネーター、科学館コンパニオンなどを経て1994年に結婚。二児を出産し、2000年から作家活動を開始。様々な販売方法や苦難を経験し、現在はその経験を生かしたセミナーを開催。各地に招致される。一年で延べ300人以上が参加。コンサルティングでは商品や販売方法、ブログの形などを指導。今後は、起業塾も開始予定。
http://ameblo.jp/kisaragi--luna/

売《う》れるハンドメイド作家《さっか》の教科書《きょうかしょ》

著者　中尾亜由美《なかおあゆみ》

発行所　株式会社 二見書房
東京都千代田区三崎町2-18-11
電話 03(3515)2311［営業］
03(3515)2313［編集］
振替 00170-4-2639

イラスト　津久井直美
デザイン　有限会社ケイズプロダクション
編集　有限会社ケイズプロダクション

印刷　株式会社堀内印刷所
製本　ナショナル製本協同組合

落丁・乱丁本はお取り替えいたします。
定価は、カバーに表示してあります。

ISBN978-4-576-16035-1
http://www.futami.co.jp/